(a)　　　　　　　　　　　　　　(b)

口絵 1　(a) ペチュキムチと (b) カクテキ　→p.18

口絵 2　アルザスのシュークルート　→p.19

口絵 3　ホップ　→p.31

アサ科の弦《つる》性の多年草。和名はセイヨウカラハナソウ（西洋唐花草）

(a)　　　　　　　　　　　　(b)

口絵 4　(a) ラペ・ソーと (b) ミヤン　→p.42

(b) © CHAMART（写真提供：www.chamart.jp）

口絵 5　大根をぬか床で漬けた沢庵　→p.46

口絵 6　インドネシアのテンペ　→p.52

口絵 7　典型的なブルーチーズ　→p.93

口絵 8　沢庵のぬか漬け　→p.118

出典：https://hakkounouen.buyshop.jp/items/62120133

発酵

伝統と革新の微生物利用技術

杉山政則［著］

コーディネーター　深町龍太郎

KYORITSU
Smart
Selection

共立スマートセレクション

39

共立出版

はじめに

子供のときの忘れられない記憶がある。まず思い浮かぶ出来事は1964年に開催された東京オリンピックだ。同年、「夢の超特急」と呼ばれた東海道新幹線が開業し、日本は科学技術立国という名にふさわしい立場になった。当時、高度経済成長の中で都市化や人口の高齢化などが進み、健康に影響を与える要因は複雑化、かつ多様化し始めた。また、「ストレス」という言葉が日常的に使われるようになり、豊かさの中での心身への不安感が注目されるようになった。人々の心身への不安が健康願望を生み、健康ブームに拍車がかかっていった。

大学と大学院で醗酵（発酵）工学を専攻した私は、おおむね50年間、微生物と付き合ってきた。微生物学を選んだ動機としては2つある。1つは小学生の頃に読んだ科学者の伝記『パストゥール』で、彼が「発酵現象」や「感染症の原因は微生物である」ことを明らかにしただけではなく、「感染症の予防と治療法の開発」に生涯を捧げたことに感銘を受けたからである。もう1つの理由は、私が大学を受験する頃の日本の実質経済成長率は10％を超えていたが、石油化学工業がもたらした大気汚染や水質汚染などの公害問題が顕在化し、地域住民の生活と健康を侵害していたことが影響している。当時、応用科学の分野で研究者または技術者になりたいと思っていた私は、化学よりも自然環境に優しい生物学的色彩の濃い学問を勉強しようと決めた。

大学に入学し、私は定員18名の工学寮に住んだ。当時、寮生の中に、肝臓が悪く、体調管理に漢方薬を煎じて飲んでいた大学院生がいた。あるとき「杉山君、中国数千年の歴史を持つ易学《えきがく》で、姓名判断をする人のところに行きたいので、付き合ってくれないか」と誘われた。先輩の占いが終了したあと、「ついでに君のことも占ってあげる」と言われ、突然の申し出に一瞬迷ったが、今後の進路と、故郷へ帰るべきか否かを相談した。易者《えきしゃ》によれば、「広島に留まるか、九州方面に向かうのであれば、君の将来は前途洋々、お金にも一生困らない」とのことで、「とにかく広島より東へ向かったらだめだ」と強調された。

一方、教授からは「君が故郷へ帰るなら、東大大学院の知り合いの教授を紹介するよ」と言われた。私の尊敬するその教授の名は能美良作先生である。かつて、能美先生は米国ラトガース大学のワクスマン教授のもとで研究生活を送った。ワクスマンは、「結核に有効な抗生物質ストレプトマイシンの発見」で、ノーベル生理学・医学賞を受賞している。結局、占いを信じて広島に留まることを選び、大学院修士課程（醱酵工学専攻）に進学し、微生物学、発酵学、微生物薬品学が私の研究分野となった。

このたび、共立出版（株）の編集部の皆様のお力添えにより刊行される本書は、これらの学問のなかでも「発酵現象」や「発酵食」をキーワードに執筆したものである。

2023 年 6 月

杉山政則

目　次

Box

0

序章

0.1　発酵現象とは何か

近代医学は細菌学の研究で幕を開けた。ロベルト・コッホ(Robert Koch, 1843～1910 年) とともに細菌学の黎明期である 19 世紀に活躍したルイ・パストゥール (Louis Pasteur, 1822～1895 年) は、ワイン造りに酵母が関与することや、ときどきワインが酸っぱくなる現象（酸敗と呼ぶ）はブドウ搾汁液を発酵しているときに混入した乳酸菌の増殖が原因であることなど、微生物が発酵や酸敗に関与することを実証した科学者であった。

「はっこう」は、漢字で表記すると「醱酵」である。「醱」には醸《かも》すという意味があることからすると、「醱酵」が正規な表記である。工学部生として入学した学科が「醱酵工学科」であったことから、私は今でもこの表記にまったく違和感はない。しかし、「醱」が常用漢字には含まれていないのも確かで、乳及び乳製品の成分規格等に関する省令（通称は乳等省令）では「はっ酵」という表記が使われており、「醱酵」を簡略化した「発酵」が広く使われていることから、以後の文章中には「発酵」と記した。

他方、「発酵」の英語表記は fermentation である。これはラテン語の fervere（湧く）に由来し、フランス語で「発酵する」は fermenter（フルマンテ）という。ブドウ果実の表層に付着していた酵母がブドウ搾汁液の中で増える現象を発酵と称し、発酵すると気泡が生じる。これが「湧く」という表現になったのだと思える。学問的にいうならば、ブドウ果汁に含まれるグルコースを酵母が「資化」するとアルコールと二酸化炭素（炭酸ガス）が生じる現象を発酵と呼んでいる。

ちなみに、微生物が糖やデンプンを栄養源として利用することを「資化」すると表現する。この言葉を覚えてもらえると、微生物学者としてはとても嬉しい。もう少し科学的に定義すると、発酵とは「微生物によって有機化合物が資化される現象」で、狭義には、「微生物が酸素のない環境下で炭水化物を資化する現象」のことをいう。微生物が酸素のない環境でも生きていくことができるのは、発酵によって有機物を分解してエネルギーを得ているからで、言い換えれば、微生物は発酵によって ATP を獲得しているのである。

0.2 微生物の脅威に挑む発酵食

中国湖北省武漢市で 2019 年 12 月に最初の新型コロナウイルス感染者が報告されて以降、2023 年になっても収束しないこの感染症の影響で、当たり前だと思っていた生活は一変した。大学では WEB 講義、人と接する際には必ずマスク、密を避けるためにクラブ活動禁止など、学生時代は友人をつくる大切な時期なのにそれがかなわず、多くの学生は不安と焦りを感じている。さらに、2022 年新年早々、新型コロナウイルスの変異株「オミクロン株」と「ステルスオミクロン株」、それに加えてオミクロン株亜種の「BA.2 株」や

「BA.5 株」などが相次いで出現した。これら変異ウイルスの感染力にマスコミが過剰報道していることも手伝ってか、多くの人々は自分と家族が同時感染するのではないかと非常に不安感を持ちながら生活している。ちなみに 2023 年 5 月に感染症法上の位置づけが変更されることが決まった。

明治安田生命が 2021 年に実施したアンケート調査によると、コロナ禍で外出を控えたことが影響したのか、65% ほどの人が健康不安やメンタルな悩みを抱えていた。また、25% の人が「体重が増えた」と回答し、特に女性に多かった。年代別にみると、30〜50 代の人が主にストレスと体重増加の悩みを抱えていた [1]。

そうしたなか、新型コロナウイルスの影響で食生活の意識は変化している。牛乳を乳酸菌で発酵した「ヨーグルト」や大豆を納豆菌で発酵した「納豆」などは腸内環境を改善するために役立つのではないかと、発酵食品にかなり関心が持たれ、腸内細菌叢の変動解析などを通じて、発酵食の有用性が科学的にも証明されるようになった。

発酵学者の小泉武夫東京農業大学名誉教授は、発酵食文化が根づいている国は新型コロナウイルス感染症患者が少ないようだとの感想を述べている [2]。

アジアには大豆を食材とした発酵食文化がある。例えば南アジア、インド北東部のシッキム州やネパールにあるキネマ (kinema) と呼ばれる「納豆」がその 1 つである。キネマに含まれるペプチド (アミノ酸が連鎖した化合物) は、インフルエンザ、単純疱疹ヘルペス、ウイルス肝炎、HIV などのウイルス感染症に有効だとの報告がある。そのキネマから得られた P13 と名付けられたペプチドに新型コロナウイルス感染症治療薬としてのポテンシャルがあるとのことである [3]。

一方、東アジアの韓国の代表的な発酵食品といえば「キムチ」である。新型コロナウイルス感染症がクローズアップされてから、2020 年には東京都内のスーパーでキムチの売れ行きが前年と比べて 60.8% も伸びている [4]。そんなことから、納豆や漬物といった発酵食品の摂取量と新型コロナウイルス感染症の罹患率の相関を調査してみることは有意義かもしれない。

0.3 未病を脱するための発酵食とセルフメディケーション

「未だ病《やまい》にあらず」と書く、「未病」という言葉が最近聞かれるようになった。今から 2000 年前、中国の後漢時代に書かれた医学書『黄帝内経《こうていだいけい》素問《そもん》』に「未病の時期に治すのが名医」といった記述がある。江戸時代の貝原益軒の著書『養生訓』にも未病とは、「病が未だ起こらない状態で養生が必要だが、そのまま放置しておけば大病になる」と書かれている。このように、未病は東洋医学で使われる言葉であり、病院での検診で異常とまでは診断されないものの、そうかといって健康とも言えず、そのまま放置するときっと病気になると予測される健康状態のことを指す [5]。

未病に対する国民の意識が広がれば、生活習慣を自らの意識で改善する「セルフメディケーション」の普及につながる。ちなみに、WHO はセルフメディケーションを「自分の健康に責任を持ち、軽度な身体の不調は自身で手当てすることである」と定義している。

国内の「食に関する志向」について、日本政策金融公庫が 2021 年 7 月に調査したところ、回答は「食の健康志向」が最も高く、「食の経済性」、「食の簡便性」の順に低くなった。すなわち、多くの人は、安価な食事や、すぐに食べられるファストフードを志向しているのではなく、健康志向のための食を求めている。さらに、ITmedia ビジネスオンラインの記事によれば、健康志向の強い人々、言い換えるなら、セルフメディケーション志向の強い人々は「発酵食」を積極的に摂取しており、その第1位が「納豆」、第2位が「ヨーグルト」だった[6]。私も「納豆」を毎日欠かさずに食べている。ちなみに、セルフメディケーションとは「自分自身の健康に責任を持ち、軽い身体の不調は自分で手当てする」ことであるとWHOは定義している。

0.4 発酵食を支える微生物と保健機能

「発酵食」とは、乳酸菌、麹《こうじ》菌、酵母などを利用して、食材としての農産物、海産物、牛乳などを発酵させてつくる食品である。その結果、食材そのものより長期保存性が増した、味わいのある食品になる。

アルコールから酢酸（acetic acid）をつくる酢酸菌（アセトバクター属：*Acetobacter*）は、ココナッツミルクを発酵してナタ・デ・ココを製造するのに一役買っている。ちなみに、ナタ・デ・ココの「ナタ」はスペイン語で「液体表面の薄い膜」、そして「ココ」は「ココナッツ」という意味である。ココナッツ果汁を酢酸菌で発酵させると表面が固まって乳白色の皮膜ができ、これがナタ・デ・ココとなる。すなわち、ナタ・デ・ココも「発酵食品」なのだ。このことは意外と知られていない。ちなみに、ナタ・デ・ココの製造には *Acetobacter xylinum* が使われている。

発酵食は健康維持や未病改善に役立つものと私は考えるが、食べたいと思うためにはおいしいことも重要だ。食材に含まれるタンパク質や糖が微生物により分解されると、元の食材にはない「旨味《うまみ》」と栄養素が発酵食に加わる。さらに、発酵食に含まれる微生物由来の酵素を同時摂取することにもなる。例えば、蒸した大豆を納豆菌で発酵させた「納豆」を食べると、血栓形成を防ぐ酵素として知られる「ナットウキナーゼ」を同時摂取できる。牛乳を乳酸菌で発酵させた「ヨーグルト」を食べれば、爽やかな味を感じ、おなかの調子も整うといった具合だ。

味の素株式会社の研究員は、「納豆」のネバネバ（糸引き）の主成分である「ポリグルタミン酸」が多数のマイナスイオンを持っていることに着目して研究を進め、ネバネバにはカルシウムをはじめとしたミネラルの吸収率を上昇させる効果があることを発表した[7]。ちなみに、カルシウムは主に小腸で吸収されるが、吸収率は成人で 20〜30% とあまり高くない。カルシウムは骨や歯の主要な構成成分になるほか、細胞の分化、筋肉の収縮、神経興奮の抑制、血液凝固の促進などに関与する大切なミネラルなので、納豆を食べることは健康維持に有益であるといえる。

0.5 発酵と腐敗の違い

ところで、いずれも微生物が関与する「発酵」と「腐敗」との違いは何なのか。その答えは、ヒトに対して有益か有害かの違いで区別しているにすぎない。有害事象としては、それを食べたときに食中毒や疾病を起こしたりする場合である。

東日本では納豆をおいしいと感じて食べる人は多いが、近畿、中国、四国地方の人は納豆のネバネバや独特な臭いが嫌で、納豆は腐った食品だと思っているのか、あまり食べないようだ。納豆菌は生育の環境が不利な条件では芽胞（胞子：spore）をつくって生きながらえようとする。そんな生命力の強い細菌であると同時に、カビの生育を抑える働きもある。例えば、納豆菌は、カンキツ緑カビ病、イチゴ炭疽病、キュウリ褐斑病などの病原菌の生育を阻害することが報告されている。

一方で、国内のとある弁当店が提供した弁当を食べた人が食中毒になったと報道されたケースがある。食中毒にかかった人の便からウェルシュ菌が検出されたのだ。ウェルシュ菌による食中毒は、この細菌が腸管内で大量に増殖し、エンテロトキシンと呼称される毒素を放出することにより引き起こされる。弁当の「おかず」がこの病原細菌に汚染されていた。すなわち、この「おかず」は腐敗していたのだ。

0.6 本書への想い

私は微生物学の教科書と大学生向きの科学啓蒙書を執筆してきた。薬学部の教員として担当してきた微生物学と微生物薬品学の講義のスタート時に、微生物の学名はラテン語で記載されていると説明する。ついでに言うと、学名はその菌株に由来する名前であれば自由に名付けることができるが、ラテン語（もしくはラテン語化したギリシャ語）で記載するという規則は守る必要がある。加えて、微生物の種名は属を表す名詞と種を表す形容語とで構成される。さらに、細菌類は真正細菌 (Bacteria) と古細菌 (Archaea) の 2 界 (Kingdom) に大別され、門 (Phylum)、綱 (Class)、目 (Order)、科 (Family)、属 (Genus)、種 (Species) と細分化されていることを説明する。こんな導入の仕方では、「微生物学を学びたいと思う学生は少ないだろう」と、私の学生時代を思い出しながら講義してきた。また、微生物の産生する「抗生物質」には発見の経緯と化学構造のほか、それが微生物の細胞内でどのように生合成されるかを分子生物学的および生化学的に解説する必要がある。ところが、刊行した本を分野の違う小学校時代からの親友（数学を専攻）に献本すると、いつも「はじめにとあとがきは読んだ。君の思い入れは理解するが、素人には難しすぎる」とのメールが届く。教科書や講義に使う参考書としての啓蒙書では詳細に記述することは不可避であり、その結果、専門用語を多用することになってしまい、読むのが辛くなるとの友人の言葉は私自身も理解できる。

そんな経験から、本書では、理科の好きな高校生が少しでも興味の持てそうな話題をできる限り容易な言葉で表現するように努めた。古代人が発酵現象を偶然発見し、時代と環境に適応しながら改良されていった「発酵食文化」の系譜と発酵食の健康維持への有効性を織り交ぜることで、「発酵学」の魅力を読者に知ってもらいたいと願っている。さらに、健康維持と長生きするためのエッセンスを著した貝原益軒の『養生訓』を話題としたほか、私の敬愛する「パストゥール」の発酵微生物研究の経緯を紹介する。

本書の副題に用いた「革新」とは、古い事柄を改めて新しくすることである。先人たちがさまざまなアイデアを出し合いながら、新しい発酵技術が生まれてきたことから、その開発に関わった研究者の熱き思いも記述した。「発酵技術」は世界の食のあり方を根本的に変え、ヒトの健康と環境の健康を地球的規模で改善するポテンシャルを持っている。2015年9月に193国が加盟している国連サミットで採択されたSDGs (Sustainable Development Goals) は世界で持続可能な開発目標であり、「発酵技術」は持続可能な食料システムを達成するための原動力の1つとなる。

最後に、私の研究チームが取り組んでいる薬用植物の新たな利用法としての生薬発酵技術を紹介したい。最近は、植物由来乳酸菌による生薬発酵液に新生する物質を創薬開発の出発点となる「新薬候補化合物」として利用する研究を進めている。

これらの内容を知って、もう少し踏み込んで知りたいと思う読者のために、参考文献や引用文献を充実させた。それでは、序章を読んだあと、次章のページをめくってくださることを期待したい。

1

偶然と幸運が生んだ発酵食

1.1 コーラの起源は発酵飲料

アンデス山脈は、南米大陸の西側に沿って南北 7500 km、幅 750 km にわたる山脈であり、ベネズエラ、コロンビア、エクアドル、ペルー、ボリビア、アルゼンチン、チリの 7 カ国にまたがっている（**図 1.1**）。はるか昔、ペルーやボリビアの住民は、「コカの葉エキス」をお茶として日常的に飲み、疲労回復や高山病対策にも利用していた。しかしながら、コカの葉からはコカインが抽出できるため、今や大半の先進国では、コカの葉やコカの木を麻薬原料植物に指定し、栽培、輸入、流通を厳しく禁止している。事実、コカインには覚醒作用と神経興奮作用があるため、服用すると気分が昂揚し、眠気や疲労感がなくなるという錯覚に陥る。常用すると最終的には「幻覚症」を発症してしまう。

以下に、かつて、このコカインを含む発酵飲料がワインとして飲まれていた時代があり、いつしか時代の変化とともにわれわれになじみのあるコーラがそこから誕生したエピソードを紹介する。

図 1.1　アンデス山脈地帯

周知のように、ブドウの搾汁液を酵母で発酵させて造る飲料がワイン（フランス語: vin、英語: wine）である。したがって、「ワイン」と呼ばれるためにはブドウ以外を原料としてはならないのは当然だ。ブドウ畑の多い国として、フランス、イタリア、スペインは世界的に有名だが、ワインの発祥地は今のジョージア（旧名：グルジア）だといわれている。ワインの年間消費量はアメリカ（30億リットル）が1位で、フランス（28億リットル）とイタリア（21億リットル）が続く。アメリカワインといえばカリフォルニア州が有名だ。

1800年代のアメリカでは、コカの葉を赤ワインに浸漬し、コーラ (Cola) の木の実 (*Cola nitida*) はコーラ・ナッツと呼ばれ、それにはカフェインが含まれている。コーラ・ナッツを添加した「フレンチワイン・アンド・コカ」が大人気であった。それを開発した人物は薬剤師ジョン・ペンバートン (John Pemberton, 1831～1888

年）である。鬱《うつ》状態を改善し、活力を与えるドリンクとして人気があったが、アメリカでは禁酒活動が高まり、次第にこの飲料にもクレームがつくようになった。ただし、当時のアメリカではコカインは麻薬とは見なされてはおらず、アルコールの方が問題視されていた。そこで、彼は禁酒の世の中でも飲める「コカとカフェインを含むコーラナッツ抽出液（コーラエキス）」を使った飲料を求め、1886 年にコカ飲料を完成させた。このとき、コーラエキスに対してワインの代わりに水を加えようとしたが、間違って炭酸水を入れてしまった。ところが、そんな経緯でつくられた炭酸飲料が一躍人気を得たのだった。その後、その飲料にコカインが入っているとの国民不安を払拭するため、コカインを除去した炭酸飲料「コーラ」が 1903 年に誕生した。当初、発酵飲料だったこの飲み物はもはや、明らかに発酵飲料ではなくなってしまったのである。

1.2 カルピス

「初恋の味」のキャッチフレーズで登場した「カルピス」は、カルピス株式会社の創業者である三島海雲氏が中国の内モンゴルで「酸乳」と偶然出合ったことがきっかけで 1919 年に発売された。ちなみに、内モンゴルは中国政府の管理下におかれた自治区であり、モンゴル国とは違う。

「酸乳」は、家畜の乳を乳酸菌で発酵させた、いわゆる「発酵乳」のことであり、現地の遊牧民が毎日のように飲んで活力を得ていた。三島はそのおいしさに驚き、しかも長旅で弱った胃腸の調子が回復したことで、酸乳の健康効果を体感したという。カルピスは新鮮な牛乳から脂肪分を取り除いた成分をまず乳酸菌で発酵し、加糖したあとに酵母でさらに追加発酵させたものだ。

最近、カルピス社の研究員が内モンゴルにある草原地帯の住民の伝統的な「酸乳」である「エードスンスー」、「アイラグ」および「チェゲー」の3種類を集め、成分と発酵微生物を調べた結果、「エードスンスー」は発酵が緩慢であるため、乳酸やアルコールの生成量が少なく、「アイラグ」は製法や原料の違いで成分組成や微生物の種類に差異があることがわかった。「チェゲー」は原料乳が馬乳であるため成分組成はほかの発酵乳と異なったが、カルピスの主要乳酸菌であるラクトバチルス・ヘルベティカス（*Lactobacillus helveticus*）が分離されたと発表した。

このように、人間は偶然の出合いや事象を通じて幸福感や喜びを体感したり、予想外の成果や発明を生み出したりすることがある。これを「セレンディピティ（serendipity）」と呼んでいる。一言でいえば、偶然に幸運をつかんで発明・発見したりすることをセレンディピティという。本書の主題である、伝統的な「発酵食」は意図的に開発されたものではなく、偶然手に入れた微生物利用技術によって、おいしさと風味および健康機能を併せ持った「セレンディピティ成果物」といえる。

2

世界文明と伝統発酵食

今、なぜ発酵食品が注目されているのか。その答えは、人々の健康意識が高まり、食糧や環境問題ならびに食品の長期保存を解決する手段として期待されているからであろう。近年、ヨーロッパには“gut health”という言葉がある。「gut」とは腸や消化管を意味する言葉で、腸内細菌叢のバランスを保つことで腸の健康が維持されると思われていることがその由来である。発酵食はもともとは原始時代の人たちが偶然に発明したものだが、それらを紹介する前に、世界文明について触れておこう。

2.1 世界文明と発酵食誕生の経緯

すべての始まりは、人類が1万年前に弓矢を使って小動物を捕獲するようになったことだ。やがて麦や米などの穀物を栽培するようになり、山羊、羊、牛などを飼育し、牧畜化するすべを知った。その後、発明された土器で食物を煮たり、保管したりすることができるようになった。しばらくして、木を切り、加工するための

図 2.1　世界の文明地帯

https://exam.fukuumedia.com/rekishi-1/より一部改変。

磨《ま》製《せい》石《せっ》器《き》を開発し、使用するようになった。

農耕と牧畜が発達し、食料を備蓄するようになると争いが起こり、強い集団が支配する形態が生まれ、国が創られた。支配することを好む者は王や貴族となり、支配される者は農民や奴隷となった。やがて、戦争に使う青銅器や鉄器が発明されて文明がさらに進化していった。こうして、「四大文明」と呼ばれる、エジプト文明、メソポタミア文明、インダス文明、中国文明が発展していった（**図 2.1**）。それぞれの文明の特徴を簡単に記す。

(1)　エジプト文明

紀元前 3000 年の昔、ナイル川流域に小国ができたことに端を発した「エジプト文明」では、ピラミッド建設がなされたほか、天文学が発達し、太陽暦がつくられ、象形文字も発明された。食事は、小麦や大麦からつくったパンを水に浸して発酵させたスープだった。

(2) メソポタミア文明

エジプト文明と同時期に発達した「メソポタミア文明」では、チグリス川とユーフラテス川流域に国ができ、太陰暦が発明された。エジプトとメソポタミア（大部分は現在のイラクにあたる地域にある）を含む地域をオリエントといい、アルファベット文字が開発された。メソポタミアでは羊、山羊、牛などを家畜化していたので、これらの動物肉だけでなく、乳も料理に使われていた。

(3) インダス文明

紀元前 2500 年頃、インドのインダス川流域に発達した都市で栄えたのが「インダス文明」である。排水施設が整備されたことでも知られる。この頃の生活に必要な家畜は牛であり、農産物は大麦だった。それから 1000 年ほど経った紀元前 1500 年には、最高位は司祭階級、最下位を隷属民とするカースト制度（身分制度）ができあがった。

(4) 中国文明

紀元前 1600 年頃、中国の黄河《こうが》流域に殷《いん》という王朝ができ、甲骨文字が発明された。いわゆる「中国文明」である。紀元前 1100 年に周《しゅう》が殷を滅ぼしたが、次第に支配力が低下し、多くの国に分かれるようになり、国同士で戦う時代が長く続いた。この時代が「春秋・戦国時代」である。この頃、鉄の兵器や農器具が開発され、農業が発達していった。また、紀元前 600 年には「孔子」が儒学を始めた。紀元前 221 年になると「秦の始皇帝」が中国を統一した。始皇帝は北方の遊牧民から国を守るため万里の長城を建設したが、その後、国民の暴動が起こり、秦は滅亡してしまった。次に統一した「漢」は、紀元前 200 年頃、前漢の第 7 代皇帝である「武帝」が中央アジアも支配して大帝国を築いた。その頃には中国の絹織物が西方へ伝わり、西方の家畜や農産物などが中国に伝わった。その交易の道路が「シルクロード」である。その結果、中国では米、麦、粟、キビ、豆の五穀のほか、黒もち米などの穀物がつくられるようになった。「唐」時代になると、粉砕加工した小麦粉が主流となり、粉食が主食であった。

2.2 各地域の発酵食

まずはアジアを代表して韓国の発酵食をみてみよう。朝鮮半島では、紀元前後に高句麗と呼ばれる国が、現在の大韓民国北部から中国東北部（満洲）の南部地域にかけて創られ、紀元前37年から668年の崩壊に至るまで、705年間の長きにわたって繁栄した。高句麗の代表的料理は、豚肉を「味噌ダレ」に浸した焼肉の「貊炙（メッチョク）」で、「プルコギ」の起源となった。肉を風味付けする際に使われる味噌ダレが発酵食品なのである。「ブルコギ」は韓国の肉料理の代表で、「プル」は火を、「コギ」は肉を意味する。ブルコギの醤油ベースの甘い漬けダレは日本人にも好評だ。10〜14世紀の高麗王朝について記した『高麗史』という書物には、祭祀の供えものとして「沈菜（チムチェ）」という漬物が記されていた。沈菜は野菜を塩漬けにし、にんにくとしょうがを加えて漬けたものである。その呼称が次第に「キムチ」へと変化していったようだ。

アフリカはどうだろうか。アフリカや中南米には発酵食はほとんど見当たらないと記された文章もあるが、アフリカには発酵食があるとの記事を見つけた[8]。これによると、ガーナには「クーコ」、ナイジェリアには「アクマ」「オジ」、ケニアには「ウジ」と呼ばれる発酵食があるようだ。それぞれ同じような発酵食を指し、つくり方は、乾燥したトウモロコシまたはキビを砕き、2〜3日間、水に浸漬して室温で発酵させるというものである。

オセアニアではどうか。オーストラリアには強烈な臭いと塩辛さを併せ持った発酵食品「ベジマイト」がある。酵母エキスと麦芽エキスからつくられるこの発酵食品はおいしいとは言い難いようである。

チーズやヨーグルトなどの発酵食品はヨーロッパにその発酵技術の起源がある。湿度の低いこの地域ではカビを使ったチーズである「ブルーチーズ」と「カマンベールチーズ」が有名である。

その点、湿度の高い東南アジアや東アジアでは微生物が増殖しやすいために豊かな発酵文化が育った。ラオス、タイ、ミャンマー、ベトナム、カンボジアなどの東南アジア、特に、メコン川流域では魚の塩漬けなどの発酵食品が発達した。また、東アジアに位置する、日本、中国、韓国およびモンゴルなどは、温暖な気候とモンスーンの影響で農耕に適した米作農業が発展し、また太平洋と東シナ海からは水産物も豊富に取れる。多くの人が知っているように、日本、中国、韓国が発酵食大国なのは、こうした環境による。魚を素材とした発酵食品と、穀物や豆類などを利用した発酵食品は非常に多い。もち米を酵母で発酵させた中国の「紹興酒」や韓国の「マッコリ」は酒として有名である。

以降、主な発酵食品を詳しく紹介する。

2.3 世界のさまざまな発酵食品

(1) キムチ

キムチは朝鮮半島で生まれた長期保存食である。キムチに関する最古の記録は、高麗時代に著された李《イ》奎《ギュ》報《ボ》の詩文集『東国李相国集』に登場する。前述の通りキムチは、最初、野菜を塩漬けしただけであったが、その後、香辛料としてにんにくや山椒《さんしょう》の実などを

(a)　(b)

図 2.2　(a) ペチュキムチと (b) カクテキ　→口絵 1

加えるようになった。

李氏朝鮮王朝に唐辛子が伝わると、栽培や加工が容易な唐辛子が山椒に代わって用いられるようになった。ちなみに、朝鮮半島に出征した豊臣秀吉が唐辛子を朝鮮に持ち込んだという説があるが、他説もあるので真実はわからない。現代の韓国キムチとして、白菜を素材とした「ペチュキムチ」と大根を角切りにして薬味に漬けた「カクテキ」が有名だ（**図 2.2**）。

(2)　ザワークラウト、シュークルート

ヨーロッパの代表的な料理として、乳酸菌でキャベツを発酵させたドイツの「ザワークラウト」とフランスの「シュークルート」がある。シュークルートとザワークラウトは実は同じ料理であり、フランス語でシュークルート、ドイツ語でザワークラウトという。ドイツとスイスに隣接するフランスの北東部に位置しているアルザス地方は、フランスとドイツに交互に支配されていた時期があったことから、両国の影響を受けた独特の食文化がある。アルザスの料理が「シュークルート」で、これは自然由来の乳酸菌で発酵させた「千切りキャベツ」の料理であるが、基本的にはソーセージ、豚肉

図 2.3　アルザスのシュークルート　→口絵２

や魚などを添えて食べる（**図 2.3**）。一方で「ザワークラウト」はドイツの料理で、同じく「発酵キャベツ」である。付け合わせはソーセージなどの加工肉を使う。内容的には似ているが、シュークルートを食べるときにはアルザスの白ワイン、ザワークラウトのときはドイツビールを飲むという。ついでに言うと、フレンチパラドックス (French paradox) という言葉がある。パラドックスとは矛盾を意味する。フランス人は肉類をたくさん食べるのに心臓病による死亡率が低いという。その理由は、フランス人がよく飲む赤ワインに含まれるポリフェノールという成分が、活性酸素や過酸化脂質の産生を抑えるためだといわれている。それだけではなく、私が思うにフランス人はシュークルートを始めとする野菜もたくさん取る食生活を楽しんでいるからかもしれない。

(3)　チーズ

「チーズ」はフランス語で「フロマージュ (fromage)」といい、ラテン語の「型枠」を意味する forma という語句に由来している。

西アジアの地中海に近い地域で人類が最初に家畜化した動物は羊と山羊であり、年代は紀元前 7600 年頃と推測されている。その後、牛などの家畜も飼育し、繁殖業としての「牧畜」は紀元前 5000 年の古代エジプトで農耕とともに行われていたという記録もある。

紀元前3000年に編纂されたとする説が有力な古代メソポタミアの文学作品『ギルガメッシュ叙事詩』にチーズに関する記述がある。チグリス川とユーフラテス川に挟まれた地域にメソポタミア文明が栄え、紀元前3000年頃には、この地域で牛や羊の「乳」を食料にするだけでなく、保存するために「酸乳」と「凝乳」がつくられていた。ちなみに、この地帯にメソポタミア文明が発祥したのは、チグリス川とユーフラテス川の灌漑用水で農業が発達し、食糧生産や畜産が増えた結果、人口が増加したからにほかならない。紀元前8000〜6000年の間に穀類（小麦と大麦）のほか、豆類（レンズマメ、エンドウマメ、ヒヨコマメ）が小規模ながら栽培され、山羊、羊、豚、牛も登場している。そして、彼らが偶然に発見した「発酵乳製造技術」は、やがてヨーロッパにも広まった。酸乳や凝乳については旧約聖書の創世記18章8節に「そしてアブラハムは凝乳と牛乳および子牛の調理したものを取って彼らの前に供え、木の下で彼らのかたわらに立って給仕した。こうして彼らは食事した」と記述されている。

一方、黒海、マルマラ海、エーゲ海、イオニア海、アドリア海に囲まれたバルカン半島には褶曲山脈とその谷底を流れる河川がある。ちなみに、波打った形を意味する「褶曲山脈」とは、平らな地層が地殻内部の歪みによって横圧力を受けた結果できた山脈のことである。そんな山脈を有するバルカン半島だが、人々の往来を邪魔するものではなく、ヨーロッパとアジアを結ぶ交通の要所となって多くの人々が往来した。現在のバルカン半島にはセルビア、モンテネグロ、北マケドニア、ブルガリア、アルバニア、ギリシャなどの国がある。紀元前5000年のバルカン半島や中央アジアでは遊牧民は羊を飼っていたといわれているものの、その家畜化時期については諸説がある。例えば、紀元前 8500 年頃との説もある。酪農は紀元前 3000 年頃にエジプトと今のイラクの南部であるシュメールで行われていたとの記録があるが、アフリカの南サハラの草地ではもっと早くから酪農が行われていた。察するに、冷蔵庫のない時代、チーズをつくって貯蔵しておくことが高温地帯で乳を保存できる唯一の方法であり、酪農とチーズ製造とはリンクした関係にあった。

ここで、チーズがどのように誕生したのか紹介しよう。きっかけは、古代人が、動物の胃袋はさまざまな食料を貯蔵しておく容器として利用できると気づいたことだった。牛のような反芻動物の子どもの第四胃袋でつくった容器に乳を貯蔵すると、乳の凝固、すなわち、フレッシュチーズができた。これは紀元前 3000 年代の古代人による発見である。ところが、近年、チーズが発明された時期をめぐり、従来説を覆す発見があった。人類最古のチーズ製造の痕跡がヨーロッパのポーランドで発見されたのだ。イギリスのブリストル大学の国際研究チームがポーランドで発見された陶器に付着していた物質を分析した結果、山羊の乳からできたチーズであり、陶器はチーズのこし器であることが判明した。これはシュメール時代（紀元前 3500 年頃～紀元前 525 年）よりも古い約 7500 年前の痕跡で、世界最初のチーズの製造時期とほぼ合致する。

ちなみに、子牛の第四胃袋には「レンネット」と呼ばれる凝乳酵素があって、その酵素の働きで、乳から凝乳とホエイ（乳清）が生じる。乳を凝固させてヨーグルトをつくる場合は乳酸菌を、チーズづくりには主にレンネットを使う。ただし、乳酸菌を使ったチーズもある。乳酸菌は乳糖を分解して乳酸を生じさせ、乳を酸性にすることによって、有害菌の生育を防ぎ、凝乳の働きをサポートする。この場合、ヨーグルトとチーズで大きな違いといえば、チーズは水切りをするが、ヨーグルトは乳を固めるだけで水切りをしないこと

図 2.4　カビを利用した各種チーズ

だ。

チーズの製造には、レンネットと乳酸菌以外にもカビを利用することもある。例えば、ペニシリウム・グラーカム (*Penicillium galaucum*) またはペニシリウム・ロックフォルティ (*P. roqueforti*) などの青カビを使ったチーズとして、ロックフォール、ゴルゴンゾーラ、スティルトンなどが、また、白カビ (*P. camemberti*) を利用したチーズとしては、カマンベールチーズと、それよりマイルドな味のブルーチーズが有名である (**図 2.4**)。大半のチーズの表面では菌糸が一面を覆うが、胞子（分生子）が形成されないカマンベールチーズはチーズ全体が白色に見える。補足すると、菌糸が表面を覆い、胞子（分生子）ができる。ブルーチーズの製造に使われる青カビの菌糸は無色であるが、胞子の色は青色である。一方、菌糸の色が白色である白カビでは胞子が形成されず、チーズ全体は白色に見えるのだ。

(4)　ヨーグルトおよび酸乳

紀元前 5000 年頃には、バルカン半島や中央アジアの遊牧民は家畜として羊を飼い始めた。ヨーグルトの製造技術を発見したのは遊牧民であるが、その経緯として、彼らが水筒代わりに羊の腸に保存していた「乳」を味わったところ、酸味のある爽やかな風味に変わっていることに気がついたとの説が有力だ。そして、これを乳の長期保存法として取り入れ、地方独特の草食動物の乳とそこに住み着く乳酸菌を使う利用法を知った。しかしながら、当時の人々はヨーグルトづくりに微生物が関与していることは、頭の片隅にもなかったことは明らかで、ヨーグルトは偶然の気づきから始まった幸運の贈物といえる。ちなみに、アメリカ大陸が発見されたのは 1400 年代末期であるが、アメリカ大陸に乳しぼりをする地域がないのは、ヨーロッパからの移民が牛を連れて入植するまで乳利用がなかったからである。なお、1500 年代の東アジアでは乳の消費もほとんどなかった。

ヨーグルトの風味は乳酸菌の菌種によって変わる。ラクトコッカス (*Lactococcus*) 属の乳酸菌はグルコースからジアセチルやアセトインのような芳香化合物を産生する。これらの物質のおかげでヨーグルトはバターやフレッシュチーズと同じ香りがする。一方、ブルガリア菌 (*Lb. delbrueckii subsp. bulgaricus*) はアセトアルデヒドを生成し、フルーティな香りづけに貢献している。なお、モンゴルや中央アジアの遊牧民が飲用する馬乳酒「クーミス」や、コーカサス地方のケフィアヨーグルトは、ともに乳酸菌と酵母による複発酵が行われるので、それらの飲料に特徴的な酵母株によってつくられるアルコールと二酸化炭素が風味を醸し出す。

バルカン半島にあるブルガリアの伝統的なヨーグルトを製造する際、ドリアンと呼ばれる落葉広葉樹の葉や枝を乳に浸して発酵させる方法がある。これは、ドリアンの葉に付着していた乳酸菌が乳を発酵したと容易に推測できる。ブルガリアのドリアンから乳酸菌を探索分離し、菌学的な「種 (species)」を調べた結果、現在のヨーグルトのスターター[1]として使われている乳酸菌株のブルガリア菌（*Lb. delbrueckii subsp. bulgaricus*）とサーモフィラス菌（*Streptococcus thermophilus*）と同じ乳酸菌株が見つかった。ちなみに、国際的にはヨーグルトと称することができるのは、両菌株を種菌として用いて乳を発酵させたものに限られる。

それぞれの乳酸菌株を単独で用いて乳酸発酵させた場合に比べ、2 種類の乳酸菌株を共存させる方が乳酸生成量は明らかに高くなる。最初にブルガリア菌がカゼインを分解して生成したペプチドがサーモフィラス菌の増殖を促し、サーモフィラス菌の産生したギ酸がブルガリア菌の増殖を促していると推測されている。

わが国に、500 年代に仏教伝来と一緒に百済から牛の搾乳技術が入ってきた。600 年代になると、牛乳を保存するための加工品として「酪《らく》」、「蘇《そ》」、「醍醐《だいご》」と呼ばれる乳製品がつくられた。これが現在の乳製品の原型となるもので、「酪」はコンデンスミルクやヨーグルト、「蘇」はバターとチーズの中間のようなもの、「醍醐」は蘇より固く、ヨーグルトを凝縮したものまたはチーズのような固さをもっているものと考えられ、当時の王朝貴族の間で乳製品は極上品として珍重されていた。また、平安時代の永観 2 年（984 年）に丹波康頼が撰したわが国現存最古の医書『医心方《いしんぽう》』にも、「酪」、「蘇」、「醍醐」の名前が記されている。

Box 1 乳糖不耐症とは

日本では、牛乳を飲むと下痢をする人が欧米人と比べるとかなり多い。これは牛乳に含まれる乳糖（ラクトース）を分解する酵素（ラクターゼ）が欠乏しているか、まったく持っていない人に特徴的で、この症状を「乳糖不耐症」と呼ぶ。消化に時間がかかる乳糖はガラク

1) ヨーグルトをつくるときの種菌のことをスターターという。

トースとグルコースが結びついた「難消化性オリゴ糖」と呼ばれ、これは、腸内細菌に影響を及ぼし、結果的に牛乳が消化しづらくなる。それでも毎日飲み続けていれば、乳糖を分解できる腸内細菌が増加し、乳糖の分解と代謝を増進できるかもしれない。また、ラクターゼは乳幼児の方が成人よりも多く、人種によっても違う。改善策としては、牛乳を発酵乳[2)]として摂取することである。つまり、乳酸菌で牛乳を発酵させると乳糖が一部分解され、小腸に到達してからも乳酸菌の持つラクターゼが乳糖を分解するので、牛乳を発酵乳として摂取すれば下痢は起こりにくくなるという理由である。

(5)　発酵バター

バターは牛乳に含まれる乳脂肪を集めてつくられる。牛乳を容器に入れて振ると、その衝撃で乳脂肪を包んでいる膜が破れ、破れて出てきた脂肪同士が結合して固まりになる。この固まりがバターであり、さらに乳酸菌で発酵させたものを「発酵バター」と呼んでいる。発酵バターはバターのクリーミーさにヨーグルトやチーズのような爽やかな酸味の加わった味が特徴である。ヨーロッパでは古くから「発酵バター」が主流で、民衆に広く親しまれてきた。昔はバターをつくるのにかなり時間がかかり、しかも殺菌技術もなかったことから、バターをつくる過程で自然に乳酸発酵したことに偶然気づいた人がいたことになる。

(6)　チョコレート

「え？」と思うかもしれないが、チョコレートはれっきとした発酵食品の１つである。チョコレートの原料になる「カカオ豆」は、紀元前 2000 年にはメソアメリカで栽培されていた。メソアメリカ

2) 牛乳を乳酸菌で発酵させたものを、一般的に発酵乳と呼ぶ。

(Mesoamerica) とはメキシコと中央アメリカ北西部が重なる地域を指し、この地帯にマヤ文明、テオティワカン文明、アステカ文明が繁栄した。

チョコレートを製造するには、まず、カカオ豆を焙煎（熱処理）したあと粉砕し、油脂成分を抽出する。その油脂はカカオバターと呼ばれ、残渣をカカオマスという。次に、カカオマス、カカオバター、砂糖、粉乳などを混合し、練り固めたものがチョコレートで、カカオマスをさらに細かく粉砕してから砂糖と粉乳を加えたものが「ココア」である。

カカオ豆をカカオポッド（カカオの実）から取り出し、バナナの葉っぱに包んでしばらく置くと、その葉に付着している乳酸菌と酵母により、乳酸発酵とアルコール発酵が起こる。さらに生じたアルコールを酢酸菌が資化して酢酸が生じる。これが、チョコレートは発酵食品であるというゆえんである。チョコレートに含まれている「カカオポリフェノール」には抗酸化作用と血圧の上昇を抑える作用があるので、適量のチョコレートを食べることは老化や動脈硬化の防止に有効であると推測されている。

(7) ウイスキー

琥珀色と魅惑的な香りが特徴の酒といえば、蒸留酒の代表「ウイスキー」である。メソポタミア文明の遺跡から酒の蒸溜に使われたと思われる土器が出土していることから、蒸留酒の発祥は紀元前3000～4000年頃のメソポタミアであるといわれているが、その中でも、ウイスキーの発祥地としてアイルランド説とスコットランド説の2説がある。ラテン語で「命の水」を意味する「ウイスキー」について、特にスコットランド産の「モルトウイスキー」は大麦を発芽させた麦芽（モルトと呼ぶ）を原料として「酵母」で発酵した蒸留酒である。ただし、最初は現在のような琥珀色ではなく、無色透明な飲料であった。その後、ウイスキーは木の樽（材質はオーク）に詰めて貯蔵と熟成を兼ねることが良いと、蔵人が体感して得られた結果、ウイスキー特有の琥珀色と香りができあがった。

スコットランドやアイルランドの人たちは、アメリカのケンタッキー州やテネシー州に移住し、現地の特産品であるトウモロコシを原料としてウイスキー造りを始めた。これが、今やアメリカンウイスキーの代名詞である「バーボンウイスキー」の誕生につながったのである。バーボンウイスキーの原料は、51% 以上がトウモロコシで、残りが大麦やライ麦、小麦などである。

モルトウイスキーは、94.8℃ ほどの温度下で、単式蒸留機を使って 2～3 回蒸留するが、バーボンウイスキーは 80℃ 以下の温度で、連続式蒸留機で蒸留する。前者の熟成期間は 10～12 年ほどで、後者は 4～6 年間ほどである。このように、同じウイスキーといっても、地域の実情にあった製造法に改良され、長い時を経て確立していった。

スコットランド産のウイスキーは「スコッチウイスキー」と呼ばれている。その中でも、原料として大麦を発芽させた麦芽のみを用いるものを「モルトウイスキー」と呼び、大麦、ライ麦、トウモロコシ、小麦などを麦芽酵素で糖化（デンプンが分解されて糖ができること）したものを「グレーンウイスキー」と呼ぶ。スコッチウイスキーや日本産のウイスキーはモルトウイスキーの仲間である。ちなみに、麦芽には、発芽する前にはなかった酵素（デンプンを分解するアミラーゼ）が含まれている。

典型的なウイスキーの製法としては、まず、大麦に水を吸わせて発芽させる。これに無煙炭と泥炭（ピートと呼ぶ）を加えて、燻煙、乾燥させることで麦芽にウイスキー独特の煙臭を吸収させる。

図 2.5　(a) ウイスキーの貯蔵に使用される樽と (b) 貯蔵庫

次に乾燥麦芽の根を除いてから粉砕し、温水を加えて糖化し、これにウイスキー酵母としてサッカロマイセス・セレビシェ・ハンセン (*Saccharomyces cerevisiae Hansen*) を接種し、25℃ 前後で 3〜4 日ほどアルコール発酵させる。この操作でアルコールを 5〜8% 含む発酵液ができるので、発酵液を蒸留することにより、原料の揮発成分を捕集して風味も濃縮させる。ただし、蒸留直後のウイスキーは不快臭を持っている。長期間、ナラ、カシ、あるいは白オークでできた樽に貯蔵して成熟させると、独特の風味が付けられる（**図 2.5**）。2009 年に整備されたスコットランドのウイスキー法 (The Scotch Whisky Regulations 2009) によると、スコッチウイスキーの熟成には最低 3 年は必要と決められているようだ。熟成したモルト（麦芽）ウイスキーは、さらに成熟年度の異なるウイスキーやグレーンウイスキーと混合し、最終アルコール濃度 40〜43% のウイスキーができる。

ちなみに、現在のアルコール飲料の製造に使われる酵母は、菌株改良が繰り返されてきたものを使っているため、発酵は安定しているが、特徴のない製品になりやすい。そこで、最近の日本酒を製造する際、新たに自然界から探索分離した酵母、例えば「桜の花」から分離した菌株を用いる企業も出てきた。

Box 2　国産ウイスキーの誕生物語

わが国でウイスキーやワインの輸入が始まったのは 1871 年だが、海外産ではなく、ウイスキーの国内製造にこだわった人物がいた。NHK 朝の連続テレビ小説「マッサン」の主人公である亀山政春のモデルになった竹鶴政孝氏（右図、アサヒグループジャパン提供）である。彼はウイスキー製造技術を学ぶために単身で大阪からスコットランドに渡った。

竹鶴政孝氏

テレビドラマのなかで、亀山政春は 1920 年（大正 9 年）、スコットランドで本場のウイスキー製造技術を身につけ、妻のエリーを伴って帰国した。そして、造り酒屋を営む実家でウイスキーを製造しようと決めた。だが、世の中は大不況、その計画は資金不足で頓挫してしまった。やがて、亀山はワイン事業で成功した「鴨居商店」に工場長として迎えられ、京都山崎の地において、日本初のウイスキー蒸留所の建設に携わった。

鳥井信治郎氏

その鴨居商店の社長であった鴨居欣次郎のモデルが鳥井信治郎氏（右図）であり、鳥井は実際に、ワインの製造販売を行う「鳥井商店」の店主となった。

この商店を母体にして 1921 年（大正 10 年）12 月 1 日、鳥井は大阪市東区（現在は中央区）に「株式会社寿《ことぶき》屋《や》」を設立し、1929 年（昭和 4 年）に初めて発売したウイスキーを「サントリー」と命名した。これは、人気のあった「赤玉ポートワイン」の「赤玉」を太陽に見立てた「サン (sun)」に、「鳥井」をプラスして「サントリー」と名付けたものである。創業のもととなった赤玉ポートワインに感謝し、太陽を忘れるなという思いを込めたものらしい。

昭和に入ると、竹鶴は、自然環境がスコットランドに似ている北海道の余市《よいち》へ行き、国産ウイスキーづくりに挑戦すべく、ニッカウヰスキーの前身である「大日本果汁株式会社」を設立した。同社の略称「日果《にっか》」を採用して、国産ウイスキーのブランド名を「ニッカ」と決めたのだった。

(8)　ビール

ビールの誕生の背景については諸説あるが、紀元前 4000 年以上前、麦を使ったパンが生まれたことが発端であるとの説がある。パンを水に浸したものが麦汁の役割を果たし、空気中に浮遊していた酵母が麦汁を発酵したと思われる。すなわち、水瓶にパンを落として、それが麦汁となり、そこに野生の酵母が落下・繁殖してビールが誕生したという説である。こうして偶然に生まれたビールはアルコール度が 3% ほどであったと推定されている [9]。

また、メソポタミアで都市文明を築いた「シュメール人」によるビール醸造に関する最古の文書記録が見つかっている。これによると、紀元前 3000 年頃の古代エジプトでもビールは飲まれていたようで、紀元前 2700～2100 年頃の墓の壁画にビールづくりの様子が描かれている。当時のビールは「シカル」と呼ばれ、現代のビールとは大きく違っていて、「ホップ」(**図 2.6**) は使わず、ビールの味付けは薬草およびハチミツなどであった。今や、ホップがなければビールとは呼べないほど、ホップの使用は不可避である。この植物のおかげで、ビールに苦みと香りが付加されるほか、泡持ちがよく

図 2.6　ホップ　→ 口絵 3
アサ科の弦《つる》性の多年草。和名はセイヨウカラハナソウ（西洋唐花草）

なったり、殺菌効果が高まったりする。前述の通り、ビール製造に必須な麦芽は大麦を発芽させたものであり、これをモルトと呼ぶ。わが国では、モルト（大麦麦芽）を用いるが、世界には小麦麦芽やライ麦麦芽などを用いて多様なビールがつくられている。

麦芽にはアミラーゼ活性（デンプンを分解する力）がある。粉砕した麦芽に水と副原料としての米やコーンスターチなどのデンプン質原料を混ぜて 50〜70℃ で加温すると、アミラーゼが働いて、デンプンがマルトース（麦芽糖）やデキストリン（低分子化された炭水化物）へと変換される。デンプンが完全分解されて得られた糖化液をろ過し、透明な麦汁をつくる。この液を煮沸釜に入れて適当量の「ホップ」を加えて 90〜120 分ほど煮沸する。煮沸中にホップ由来の苦味成分が抽出され、味の決め手となる。次に、ビール酵母（サッカロマイセス・セレビシェ：*Saccharomyces cerevisiae*）（**図 2.7**）を加えて、10℃ 以下で 6〜10 日間発酵させる。この過程で酵母の菌数も 1 mL あたり 6,000 万個まで増殖する。発酵の終わったビールは冷却して貯蔵タンクに移し、0〜2℃ の低温で 30〜45 日間ゆっくり再発酵し成熟化させる。その発酵液をろ過したものが製

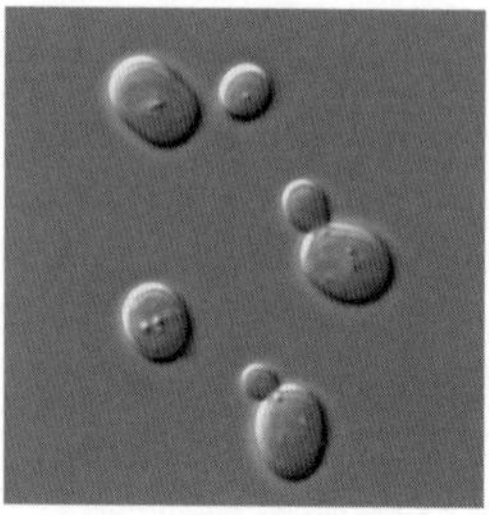

図 2.7　酵母 (*Saccharomyces cerevisiae*) の形態

品となるが、さらに、酵母を殺菌するためにパストゥリゼーション（低温殺菌）処理するビールもある。日本のビール製造は、1870 年にアメリカ人技師が「スプリングバレー・ブルワリー」という会社を横浜の外国人居留地に設立して始まり、その後、紆余曲折があったものの、それが麒麟麦酒株式会社の前身となった。

(9)　ワイン

酵母は嫌気環境（酸素の少ない条件）では、以下の反応式に示すように、ブドウ糖（グルコース）をエタノール（エチルアルコール）と二酸化炭素（炭酸ガス）に分解することで、増殖に必要なエネルギーを得ている。ワインの場合は、原料となるブドウジュースにブドウ糖が含まれており、この反応が起こってワインが生産される。後述する日本酒の場合は（3.2 節 (2)）、原料の米に含まれるデンプンを麹菌が持っているアミラーゼ（糖化酵素）で分解して、その結果できるブドウ糖を清酒酵母がアルコール（日本酒）に変えているのだ。

$C_6H_{12}O_6$	$\rightarrow$	$2C_2H_5OH$	$+$	$2CO_2$
グルコース		エチルアルコール		二酸化炭素

赤ワインの製造には、赤または黒色のブドウ果皮や種子を果汁中に残して発酵させる。するとアントシアニン色素とタンニンが溶出され、渋味がする。一方、白ワインは、緑色ブドウまたは赤ブドウの果皮を除いたものを発酵させる。

ブドウの果皮にはもともと大量の酵母が存在し、果汁はそのままでも自然発酵する。白ワインではサッカロマイセス・セレビシェを接種後15〜20℃で3〜4週間、赤いブドウでつくる赤ワインの発酵温度は25℃で1〜2週間の主発酵を行う。最後にワインは樫または楢でできた樽に入れ、白ワインでは1〜2年、赤ワインでは2〜3年間貯蔵し、その後、瓶詰めして、16℃で3年前後貯蔵して熟成させてから市場に登場することになる。

Box 3　発泡性ワイン

フランスのシャンパーニュ地方の発泡性ワインを、特に「シャンパン」と呼称し、それ以外の発泡性ワインをスパークリングワインと呼んでいる。発泡性ワインを製造するには、発酵が終わりきらないうちに砂糖を加えて瓶に詰める。すると瓶の中でさらなる発酵が続き、発生した炭酸ガスはワインに溶け込むので発泡性が高くなるのだ。シャンパーニュ地方では、少なくとも紀元前4世紀頃には通常のワインが飲まれていたが、当時は発泡性ワインが好まれていたわけではなかった。あるとき、修道士のドン・ピエール・ペリニヨン (Dom Pierre Pérignon) が複数のワイン同士を調合する際に、発泡性ワインをコルク栓のガラス瓶に閉じ込めるというアイデアを思いついた。彼のセレンディピティが功を奏して、ワインの風味が飛躍的に高まった。17世紀後半になると発泡性ワインはパリの社交界で大ブームとなった。それに加えて、シャンパーニュ地方の街「ランス」のノートルダム大聖堂で行われたフランス国王の戴冠式のあとの祝宴でシャンパンが振る舞われたことが、祝宴にはシャンパンを飲むという慣習の始まりだった。

修道士の名にちなんで名付けられたドン・ペリニヨン (Dom Pérignon) は、俗に「ドンペリ」と呼ばれる発泡性ワインである。ドンペリは熟成年数の長い「ヴィンテージ・シャンパン」で、最も下位のランクでも熟成期間は最低 8 年である。また、ブドウの出来が良い年のみの仕込みに限るため、製造を中止する年もあるという。

3

日本の伝統発酵食

3.1 食の系譜

今から1万年前、土器が使われていた時代を縄文時代と呼ぶ。その後、紀元前5〜3世紀半ばまで続いた弥生時代には、初めて金属製の農機具と工具および器が登場し、銅鐸《どうたく》や鏡などの祭器が使用された。そして、3世紀半ば〜7世紀半ばにかけて、古墳時代、飛鳥時代、奈良時代、平安時代、鎌倉時代へと歴史は続く。

縄文時代の後期には稲作が行われるようになり、住民は玄米を主食とし、副食はあまり取らなかったが、中国大陸から土器の製造技術を手に入れたことから、縄文人は煮込んだり、ゆでたり、貝汁も飲むようになった。実際に縄文時代の貝塚を調べてみると、アサリ、シジミ、ハマグリ、牡蛎、サザエ、アワビの貝殻が多く出土したことから、縄文人は貝汁の旨味《うまみ》の正体がコハク酸であることを知るすべはなかったが、貝汁の旨味は体感したと考えられる。

日本に仏教が伝来すると、仏教の教義による「殺生戒め」にもとづき、675年（飛鳥時代）に天武天皇が「肉食禁止令の詔《みことのり》」を発して動物の肉を食べることを禁じた。以来、動物性タンパク質は魚から取り、植物性タンパク質は大豆や玄米で摂取するという食文化が構築された。

江戸時代になると、富裕層を中心に、玄米に代わり精米した、いわゆる「白米」を食べる習慣が広まった。その結果、ビタミンB_1欠乏症である「脚気」が多発してしまったのである。B_1が不足すると、最悪の場合には末梢神経障害や心不全も起こりやすくなる。その後、江戸の下級武士や町人の間にも白米食が広まり、脚気は「江戸患《わずら》い」といわれるまでに増えていった。明治時代の脚気による死亡者数は、なんと年間2万人を超え、「結核」と並ぶ国民病といわれるまでになってしまったのである。

江戸時代の庶民の食事は「一汁一菜《いちじゅういっさい》」といわれるように、主食のご飯（白米や玄米）に汁物一品と漬物一品の3点が基本であった。主食については、元禄時代（1680〜1709年）より前は雑穀や玄米であったが、元禄時代以降になると白米を食べるようになった。また、江戸時代初期には1日あたり2回の食習慣であったが、江戸時代の中期になると3回に増えた。ただし、相変わらずの粗食で、庶民の食卓はご飯、汁物、漬物の3点セットであった。副食の漬物として沢庵、梅干し、ぬか漬け、ラッキョウのいずれかが付いた。江戸時代初期の食事の味付けは塩、酢、味噌などが中心であったが、しばらくすると野田や銚子から手に入る「濃口醤油」や、砂糖、みりん、鰹節などによる味付けが庶民の間にも普及していった。一方、同じ江戸時代「農民は？」といえば、「かて飯《めし》」を食べていた。かて飯とは、少量の米に稗《ひえ》などの雑穀や大根、里芋の茎を干したもの、サツマイモなどを混ぜた主食のことである。一般的な農民の1日の食事は、前日のご飯の残りものと小麦粉を混ぜて焼いたお餅が朝食、昼は雑炊、夕食は粉団子《こなだんご》の汁であった。明治時代を迎えるまで、日本人は動物肉を避ける食事をしていたが、明治政府は欧米文化を積極的に取り入れようと、貴族を中心に西洋の生活習慣や食生活を参考にした。それが次第に庶民にも広がり、国民は動物肉を食べるようになった。

3.2 節で、日本の代表的な伝統発酵食について、歴史とあわせて紹介する。

3.2 日本のさまざまな発酵食品

(1) 甘酒

わが国の伝統発酵飲料の代表は「甘酒」と「清酒」である。甘酒は、蒸した米に麹菌の胞子（学問的には分生子と呼ぶ。Box 6 参照）を接種して発酵させた飲料であるが、酵母を接種しないためにアルコールは生成しない。甘酒にはビタミン B_1、ビタミン B_2、オリゴ糖、食物繊維、アミノ酸、ブドウ糖（グルコース）が含まれているので、脚気の予防改善に有効である。ビタミン B_1 は、化学用語で「チアミン」といい、ブドウ糖をエネルギーに変換する際に必要である。ビタミン B_2 は「リボフラビン」とも呼ばれ、糖質、タンパク質、脂質などの代謝やエネルギー産生に関与する酸化還元酵素の補酵素（コファクター）として働く。B_2 は「発育のビタミン」とも称され、発育促進に重要な役割を果たし、皮膚、髪、爪などの細胞の再生にも関与している。

甘酒は俳句や短歌において「夏」を表す季語である。江戸時代の生活を漫画的に描いた古文書『守貞謾稿《もりさだまんこう》』[10] のなかに、「夏になると江戸の街に甘酒売りが多く出てきて甘酒を売っている。一杯が八文である」という内容の文章が載っている（**図 3.1**）。当時、夏の暑さで食欲がなくなると体力が低下して、最悪の場合には亡くなる

図 3.1　江戸の甘酒売り

喜田川守貞が書いた『守貞謾稿』は、江戸時代後期の三都の風俗や事物を説明した書物で、この江戸の甘酒売りも、そのなかに描かれている（出典：文献[10]）。

ことがあった。当時の食事は決して栄養満点ではなかったので、夏の死亡率は高かったのである。

甘酒に含まれているビタミン類（B_1、B_2、B_6、ナイアシン）、ビオチン、イノシトール、パントテン酸、ブドウ糖などは、蒸した米で麹菌が生育する過程でつくられる。さらに、米に含まれるタンパク質が麹菌の分泌するプロテアーゼ（タンパク質分解酵素）によって分解されるため、ポリペプチド（アミノ酸が連結した分子）と遊離アミノ酸が生成する。すなわち、ブドウ糖、ビタミン、アミノ酸の混合栄養素を含む甘酒は身体の弱った人々が体力を回復するための、いわゆる「点滴」といっても過言ではない。先述したように、白米を好んだ江戸の人たちは夏バテを防ごうと甘酒を飲んだのだ。現代のビジネスパーソンは、甘酒の代わりに、「元気ハツラツ！」、あるいは「愛情一本！」と叫びながら、薬局、スーパー、駅構内の小型売店などで購入した栄養ドリンクを飲んで頑張っている。かくいう私も、生薬入りの滋養強壮剤を頻繁に飲んでいる。

720 年（奈良時代）に完成された『日本書紀』には八百万《やおよろず》の神の物語や神様と天皇家の系譜など、日本創世記からの話が載っている。そのなかには「289年頃、吉野の民である国栖人《くずびと》が、応神天皇に醴酒《れいしゅ》を捧げ、酒宴を行った」と記されている。応神天皇が飲んだ醴酒は、967年（平安時代）に登場した『延喜式《えんぎしき》』という法典に、「米と麹と酒を用いた酒」であり、「こさけ」とも呼ばれ、また一晩でできる甜酒《たむさけ》（甘酒）であるとも書かれている。醴酒を製造する時期は旧暦の6月から7月下旬、つまり現在の6月下旬から9月上旬であることから、宮中では一晩発酵させてつくった甘酒を夏に楽しんでいたことになる。また、醴酒を夏につくって飲む習慣は、1422年（室町時代）に書かれた『公事根源《くじこんげん》』にも登場する。すなわち、古代から中世まで、朝廷では醴酒が夏の飲料として親しまれていたのだ。

『日本書紀』には、応神天皇に献上された醴酒以外にも、甘酒のルーツが登場する。それが、女神である木花咲耶姫《このはなのさくやびめ》が醸した「天甜酒《あまのたむさけ》」である。木花咲耶姫は、天照大神《あまてらすおおみかみ》の孫である瓊瓊杵尊《ににぎのみこと》と結婚し、一夜で子を宿したという。咲耶姫は子どもが無事に産まれた感謝を示すため、天甜酒を醸して祭りを行ったように、甘酒は神事の際の飲み物だった。

(2)　清酒（日本酒）

清酒は糖化とアルコール生成が、醪《もろみ》のなかで同時並行的に行われる発酵酒である。このような並行複発酵による醸造は外国にはなく、それだけ高度の発酵技術を要することがわかる。さらにすごいのは、蒸留を行わずに発酵だけでアルコール濃度が20％を超える製品が製造される点である。酒税法では、清酒とは米、米麹と水を素材として発酵させたあとろ過した飲料のことである。

まず、麹をつくるために糸状菌アスペルギルス・オリゼ（*Aspergillus oryzae*）を用いる。また、アルコール発酵に使われる酵母はサッカロマイセス・セレビシェ（*Saccharomyces cerevisiae*）である。

一般的には、発酵させた醪をろ過したあと、「低温殺菌」してから数カ月間貯蔵して熟成させたものを清酒として売っているが、最近は、ろ過した直後の「搾りたて」、あるいは、熱処理しない「生酒」、生で貯蔵・熟成させ、出荷時に低温殺菌する「生貯蔵酒」などバラエティーに富んでいる。

日本酒が甘口かそれとも辛口かを判断する評価基準は、−3、+3といった数字で表し、これを「日本酒度」と呼んでいる。日本酒度とは、同じ容量の水と比べて重いか軽いかというのを数値化したもので、水より重いほどマイナスになり、軽いほどプラスになる。日本酒は、蒸したお米に麴菌を接種し、生じたブドウ糖を酵母がエチルアルコールと炭酸ガスに分解することにより造られるアルコール飲料である。糖は水より重いので、糖が分解されずに残っている割合が多いほど日本酒度はマイナス方向になり、逆にアルコールは水より軽いので、糖がアルコールに変わるほど日本酒度はプラス方向になる。つまり、日本酒度がマイナスということは糖がより残っているので甘く感じ、プラスだと糖が少なくなった分辛口に感じるということになる。しかし、日本酒の成分は糖とアルコールだけではなく、ほかのさまざまな成分も日本酒度に影響する。ちなみに、日本酒度は0〜+5.0ぐらいのものが多いとされているが、なかには+20.0を超えるものもある。

また、日本酒に含まれている乳酸、クエン酸、リンゴ酸などは日本酒の味わいを引き締める効果があり、たとえ同じ日本酒度のお酒でも、「酸度」が高いとより辛口に感じる。酸度とは、日本酒の酸味や旨味を示す数値で、数値が高いほど濃厚辛口、低いほど淡麗甘口であるとされており、酸度1.4〜1.6を境に、それ以上なら濃厚辛口、以下なら淡麗甘口になる。酸度は日本酒に酸味や旨味をもたらす、有機酸（乳酸、コハク酸、リンゴ酸など）の量を相対的に表す数値なので、数値が高いほど日本酒は濃厚な味わいになる。例えば、日本酒度が同じ酒で比べると、酸度が高いほど甘味が打ち消され辛くて濃く、逆に酸度が低いほど甘くて淡麗に感じる。

Box 4　酒は百薬の長？

宋の時代、中国の詩人である蘇軾《そしょく》（1036～1101年）は「酒は憂《うれい》の玉箒《たまほうき》」と詠んだ。「酒は心の憂いを掃き去って忘れさせてくれる道具である」という意味だ。私はお酒を飲まないが、沈んだ気持ちを晴らすために飲酒する人を知っている。お酒を賛美した「酒は百薬の長」という言葉がある。ことわざ辞典によると、「酒は適度に飲むならば、どんな良薬よりも効果がある」という意味だ。お酒を飲むと血液中に入ったアルコールは脳に到達する。適量のアルコールはLDL（悪玉）コレステロール量を抑え、HDL（善玉）コレステロールが増加するとの報告がある。しかし、アルコールを毎日大量に摂取すると中性脂肪とLDLコレステロールが増加しHDLコレステロールが低下するとともに、血圧上昇や高血糖を引き起こすことは確かである。健康でいたいなら、くれぐれも飲酒は適量を守るべきである。

(3)　発酵茶

日本では緑茶、ヨーロッパでは紅茶、中国では烏龍《ウーロン》茶が、それぞれ代表的なお茶である。緑茶は、摘採したばかりの生の茶葉を20～120秒ほど加圧しない蒸気で蒸して、茶葉の緑色を保ちつつ、酸化酵素の働きを止めるが、烏龍茶は紅茶と緑茶の蒸し時間より短くして、「酸化酵素」を働かせる。したがって、烏龍茶は微生物が関与していない。ところが、中国のプーアル茶などの「後発酵茶《あとはっこうちゃ》」は、カビや乳酸菌で発酵させるプロセスが追加されるので、「微

図 3.2　(a) ラペ・ソーと (b) ミヤン　→ 口絵 4
(b) © CHAMART（写真提供：www.chamart.jp）

生物発酵茶」とも呼ばれている。見た目がプーアル茶に似たミャンマーのラペ・ソーやタイやラオスのミヤン（**図 3.2**）も後発酵茶の類で、日本産の後発酵茶としては、富山黒茶（富山県）、碁石茶（高知県）、石鎚黒茶（愛媛県）、阿波番茶（徳島県）などが有名である。

近年、後発酵茶による血糖値の上昇抑制や肝機能改善などの保健機能が研究されている。富山黒茶はカビを用いた好気発酵（酸素のある環境下で発酵させること）、阿波番茶は細菌を用いた嫌気発酵（酸素なしの環境下で発酵させること）、両者を組み合わせたものが碁石茶と石鎚黒茶である。発酵が色や香りを変化させ、嫌気発酵させると酸味が加わって独特の風味を醸し出す。阿波番茶にはカビ接種による好気発酵過程がなく、茶の煮汁を用いた嫌気発酵を行うため、発酵の主役は通性嫌気性のラクトバチルス属の乳酸菌である。一方、カビを利用し、かつ、嫌気発酵を行う碁石茶では糸状菌（アスペルギルス属、ペニシリウム属、ケカビ属）とラクトバチルス属乳酸菌が関わっている。これらの発酵過程で腐敗が懸念されるが、茶葉や茶汁に含まれるカテキンやタンニンに腐敗菌に対する殺菌作用があるので、これらの伝統的製造法は理にかなっている。

ところで、後発酵茶の生理機能はいったい何なのだろうか？　発酵させない日本茶にはない発酵生産物が生活習慣病を予防する生理機能を持つことが期待される。緑茶には、カテキン、エピガロカテキン、タンニンの加水分解物「没《ぼっ》食《しょく》子《し》酸《さん》」などが含まれている。紅茶に特徴的なポリフェノールの一種にテアフラビンと呼ばれる化合物があり、紅茶の赤色を特徴づけているほか、インフルエンザウイルスに対する抗ウイルス活性がある。一方、後発酵茶は原料の新葉や芯芽だけでなく、古葉も用いながら、カビや乳酸菌で発酵させるので、生成物として乳酸とシュウ酸が含まれる。後発酵茶を含む発酵茶の酸味はこれらの有機酸の生成によるものだ。ただし、シュウ酸は体内に入ると、腸内でカルシウムと結びつき、便とともに排出されるのだが、摂取量が多いと、腸内でカルシウムと結合できなかったシュウ酸が尿中のカルシウムと結びつき、尿管結石症を起こすこともあることは知っておくべきである。ちなみに、ほうれん草はシュウ酸ナトリウムを多く含むが、通常はゆでて、あく（えぐみ）を除くので、シュウ酸を低減化できる。すなわち、これも理にかなっている。

また、後発酵茶では茶葉に含まれるカテキン類が微生物によって分解されるのでカテキンの含有量は低くなるが、GABA（ガンマ・アミノ酪酸）が含まれている。ちなみに、碁石茶の高脂血症と動脈硬化の抑制作用について動物実験で調べた結果、茶葉の持つ抗酸化活性は碁石茶と緑茶とでほぼ同じだが、高コレステロールのモデル動物に碁石茶を与えたところ、LDL コレステロール値が減少したという。また、脂質が酸化されて生じる過酸化脂質量は、水道水や緑茶と比べて碁石茶を与えると有意に低下した。また、血清中の抗酸化活性と過酸化脂質量の間には有意差がなかったことから、碁石茶の持つ効能は生体内の抗酸化酵素活性の賦活化ではなく、活性酸素の消去作用だろう。一方、黒麹菌や乳酸菌を用いて茶葉を発酵することで、赤血球変形能低下防止能や抗酸化活性が向上し、血糖値の低下と脂肪吸収抑制が認められている。このように、後発酵茶を飲むことは生活習慣病患者に有益であるといえる [11]。

(4) 漬物

漬物の発祥時期については文献が残っていないため、正確にはわからず、諸説がある。奈良時代の文献『延喜式』に須須保利《すずほり》という名の漬物が登場することから、「漬物」は奈良時代に誕生したとの説が有力である。

米糠《こめぬか》に食塩と水を加えたものを「ぬか床」という。ぬか床に野菜を漬けた「ぬか漬け」は、精米技術が発達して、玄米から米ぬかを分離できるようになった江戸時代に登場した。現代人のなかには「漬物はおいしいが、塩分が気になる」と、漬物にマイナスイメージを持つ人も少なくない。しかしながら、キュウリ 1 本に含まれるビタミン B_1 の量は 0.03 mg であるが、ぬか漬けにすると、約 8 倍の 0.26 mg にも増加する。これは、ぬか床に含まれるビタミン B_1 がキュウリに浸透したためである。ぬか床に野菜を漬けて 1 週間ほどで乳酸菌が爆発的に増えるので、ぬか床の pH が酸性となり、野菜やぬかに付着した植物由来の乳酸菌以外の微生物は生育できない環境になる。ある漬物会社の研究によると、ぬか漬けをおいしいと感じる「最適塩分濃度」は 5% で、この塩分濃度で漬けた場合、キュウリのぬか漬け 1 本あたりの塩分量は 1g ほどになる。

厚生労働省の日本人の食事摂取基準（2015 年度版）によると、ナトリウム（塩分相当量）摂取の基準値は 18 歳以上の男性で 1 日 8 g 未満、女性は 7 g 未満なので、持病のために塩分を控えた方がいい場合以外は、それほど気にしなくてもよいようだ。塩分の取り過ぎは高血圧や脳卒中などの原因になることから、塩分の多い発酵食品である漬物は避けた方がよいというイメージがあるが、漬物が高塩濃度であったのは昔の話で、最近の漬物企業は積極的に塩分控えめの漬物の開発を進めている。

日本の漬物は食物繊維を多く含む根菜が多い。宿便が大量に溜まったことに起因する「大腸がん」に罹患することを考えれば、根菜漬物を積極的に食べればその予防になる可能性はある。

根菜漬物の一種「沢庵《たくわん》」は、食塩を加えたぬか床に大根を漬け、乳酸発酵させた漬物である（**図 3.3**）。沢庵にまつわる、「食事に付ける沢庵は二切れがよい」という小話を紹介する。定食屋で侍にご飯と漬物を出す際に、その漬物が一切れでは「人を斬れ」につながり、三切れだと身を斬る、すなわち切腹を意味し、四切れだと「死」を想像してしまう。そこで、定食屋はゲンを担ぎ、消去法で「二切れ」にした、というエピソードが残っている。一方、沢庵は江戸時代の臨済宗東海寺の僧であった沢庵宗彭和尚が開発したという説がある。徳川家光が東海寺を訪れた際に食べて非常に気に入り、「名前がなくば、沢庵漬けと呼ぶべし」と言ったそうだ。

次に、地域に密着した名産漬物を 10 種類紹介しよう。

① べったら漬け（東京都）

食塩で下漬けした大根を米麹と砂糖で漬け込んだ、江戸時代から続く伝統的な漬物である。日本橋で行われる「べったら市」で販売されることでも有名である。表面を覆う麹エキス（甘酒）がべったりしているので、この名が付いたという。

② 野沢菜漬け（長野県）

赤カブの一種である野沢菜の茎をカブが大きくなる前に塩漬け

図 3.3　大根をぬか床で漬けた沢庵　→口絵 5

にした漬物を指す。長野県漬物協同組合によると、野沢菜は野沢温泉村の健命寺の住職が、1756 年（宝暦 6 年）に京都遊学の帰途、天王寺カブを持ち帰ったが、信州ではなぜかカブは育たず、葉と茎のみが良く生育するので、それを利用したというのが野沢菜漬けの由来だ。

③　わさび漬け（静岡県）

川端康成の小説『伊豆の踊子』で有名な伊豆市の天城は古くからわさびの産地として知られ、そこで名産とされる漬物が「わさび漬け」である。昔はぬか漬けのわさび漬けだったが、江戸時代中期に駿河（現在の静岡市）のわさび商人が酒粕に刻みわさびを混ぜて改良したところ好評だったことから、現在売られているわさび漬けになった。

④　かぶら寿司（石川県）

魚を使った石川県のユニークな漬物である。カブを厚く輪切りにして、その間に鰤《ぶり》をはさみ、塩、麹と昆布で漬け込む。

⑤　千枚漬け（京都府）

京都府の特産品で、カブを千枚にも切るように薄く切ってから酢漬けにした漬物である。

⑥ しば漬け（京都府）

なす、みょうが、紫蘇《しそ》を刻んで塩漬けにした漬物である。京都大原の漬物で、シソの葉の色から「紫葉漬け」と呼んだことに由来している。三千院の僧侶、聖応大師が発案したといわれている。京都大原の住人が寂光院の建礼門院徳子《けんれいもんいんとくし》（平徳子）に夏野菜を献上し、保存食として漬物にしたのが始まりであるとの説もある。

⑦ すぐき漬け（京都府）

京都の冬の代表的な漬物である。京野菜の一種「すぐき」と呼ばれるカブと塩のみで漬け込み、乳酸菌による発酵で味わい深い酸味が特徴である。「すぐき漬け」から分離された植物乳酸菌 *Lactobacillus brevis*（通称：ラブレ菌）は岸田綱太郎教授（京都府立医科大学）が発見したことで知られる。

⑧ 奈良漬け（奈良県）

酒粕に野菜を漬け込んだ奈良県の「奈良漬け」も、高級な漬物として全国的に有名である。奈良漬けといえば白瓜《しろうり》が食材の代表である。その始まりは、江戸時代初期に奈良の中筋町の医師である糸屋宗仙が奈良漬けをつくり始めたという説が有力で、徳川家康も大ファンだったという。

⑨ 広島菜漬け（広島県）

中国地方を代表する漬物として有名である。広島菜は根元から葉先まで鮮やかな緑色をしており、これを麹と昆布を使って塩漬けにする。歴史的には今から300年ほど前、安芸観音（現在の広島市）の住職が京都からこの菜の種を持ち帰って栽培したのが始まりといわれている。

⑩ 高菜漬け（福岡県）

高菜系の菜には辛子油が含まれ、ほのかなマスタードの辛みをもつことが特徴である。そのまま食べるよりも料理の材料として油炒めにしたり、肉と一緒に煮込んだりといった使われ方をすることが多い。

(5) 味噌と醤油

わが国の料理の味付けに使われる伝統食品の代表は味噌と醤油である。「味噌」は大豆、米、麦のいずれかの穀物に塩を加えて、麹菌で発酵させたものである。したがって、味噌には、米味噌、麦味噌、豆味噌、合わせ味噌の4種類があるが、日本で消費される味噌の8割は米味噌であり、麦と大豆とを原料とした麦味噌は中国地方、四国および九州を中心に生産されている。大豆のみを素材とする豆味噌は中京地方で造られている。愛知県の岡崎で造られている味噌は「八丁味噌」と呼ばれており、その原料は大豆のほかに塩と水であり、種麹菌で発酵させる。種麹菌として *Aspergillus oryzae*（味噌用）や *Aspergillus sojae*（醤油用）を使用する。ほかの豆味噌と比べると水分量を抑えているために硬く濃厚な味で、独特の香りと渋み・苦みのあることが特徴といえる。八丁味噌が黒色に近い色をしているのは、一般的な熟成期間が1年以内であるのに対し、八丁味噌の場合は2年と長いからである。

大豆に麦麹を合わせて、瓜、なす、しょうがなどの野菜を加えた「金山寺味噌」も有名である。空海（弘法大師）が遣唐使として中国を訪れ、金山寺で修行を重ねたのち、帰国して「金山寺味噌」の製法を教えたという説のほかに諸説ある。

米や麦のデンプンは麹菌が分泌するアミラーゼで分解されるため、米麹の多い味噌ほど甘味が強い。味噌の旨味は、大豆タンパク質が麹菌のつくるプロテアーゼで分解されてできるアミノ酸（主にグルタミン酸）が醸し出す。ちなみに、グルタミン酸ナトリウムが旨味の本体なので、味噌造りのために加える食塩がナトリウムの供給源となっている。製造の初期に塩辛く感じられた味噌は、熟成するに従って塩辛味が減少する。舌が感じる塩辛味が減る現象を「塩なれ」というが、「塩なれ」に寄与する物質が乳酸菌のつくる乳酸や麹菌の産生するペプチドとアミノ酸である。

日本醸造学会は2006年に、「われわれの先達が長い間大切に育み、使ってきた貴重な財産」であるとして、麹菌をわが国の「国菌」と認定することを推奨した。昔の人は、有用な麹カビ（麹菌）を見つけ出し、味噌や醤油、日本酒などに活用してきた。ひとくちに麹菌といっても、味噌、醤油、日本酒の製造に使う黄麹菌（*Aspergillus oryzae, Aspergillus sojae*）、泡盛《あわもり》の製造に用いる麹菌（*Aspergillus luchuensis*）、通常の焼酎製造に使われる麹菌（*Aspergillus kawachii*）に大別される。琉球王朝時代の流れを汲む**泡盛**は、沖縄で造られており、黒麹菌で米のデンプンを糖化し、酵母でアルコール発酵させた醪《もろみ》を単式蒸留機にて蒸留した、単式蒸留焼酎である。ちなみに、2004年に国税庁の表示制度が変わり、沖縄県産の泡盛には**「琉球泡盛」**の表示が認められるようになった。

(6)　みりん

みりん（味醂）は中国の密淋（みいりん）という酒が由来とされている。語源辞典によると、「密淋」とは蜜のような甘いしたたりを意味する漢語らしい。日本語で味醂は当て字である。ひな祭りに飲む白酒は「甘いお酒」であり、その腐敗防止のために、アルコールを加えたものが改良されて、「みりん」になったという日本発生説もある。

みりんの製造方法を説明する。まず、蒸した米に麹菌の胞子（学問的には分生子と呼ぶ）を接種した米麹と蒸したもち米を混ぜて追発酵させる。そのあとに 14% 前後のアルコール濃度になるよう焼酎または醸造エタノールを加え、60 日間ほど室温で熟成させる。その発酵物を圧搾して得られたろ液が「みりん」である。熟成させる前にエタノールを添加するので、酵母によるアルコール発酵やほかの微生物の増殖も抑えられる。その結果、糖分の消費が抑えられ、みりんには甘味が残る。みりんは飲むために造られた酒で、江戸時代に清酒が広く飲まれる前まで、甘味のある高級酒であった。現在は、養命酒や正月に飲む屠《と》蘇《そ》に代表される薬草エキスを含む薬用酒として愛用されている。ちなみに 1996 年以降、販売免許の要件が緩和され、ビールやウイスキーなどの酒類を扱っていないスーパーや食料品店でもアルコールを 10% 以上含むみりんを扱えるようになっている。

(7)　納豆

蒸した大豆に納豆菌（*Bacillus natto*）を接種して発酵させた食品であり、ビタミン K や大豆タンパク質を豊富に含んでいる（**図 3.4**）。蒸した大豆を発酵する「納豆菌」は、稲わらや枯れ草に棲みついている「枯草菌」と同じ仲間である。この枯草菌（*Bacillus subtilis*）は、微生物学では極めて有名である。偶然かどうかは定かではないが、稲わらに蒸した大豆を包んでいたところ、大豆がおいしい味になった。納豆の長年の食経験が納豆菌の食の安全性も証明していることになる。

納豆という名前の由来について以下の説がある。お寺の台所「納所《なっしょ》」で、お坊さんが貴重なタンパク源として納豆をつくっていたので、“納所で作った豆” ということで「納所豆《なっしょまめ》」と呼ばれるようになった。そして「納所豆」が縮められて「納豆」になったとい

図 3.4　稲わらに包まれた納豆

う説である。

納豆菌は芽胞（胞子）をつくる。芽胞は数分間の煮沸に耐えることができる図太い細菌である。納豆 100 g あたり 4.9～7.6 g ほど含まれる食物繊維は腸内環境を改善するのに有効である。また、納豆には抗菌作用もあり、赤痢、腸チフス、病原性大腸菌などの増殖を抑制することから、昔は病原細菌による食中毒などの治療に用いられていた。納豆にはさらに、血栓を溶かす酵素であるナットウキナーゼも含まれている。この酵素は血栓の主成分であるフィブリンに作用して分解するとともに、血栓溶解酵素であるウロキナーゼの前駆体酵素であるプロウロキナーゼを活性化する作用、さらに言えば、血栓溶解酵素プラスミンをつくるプラスミノーゲンアクチベーター (t-PA) 量を増大させる作用もある。血栓は深夜から早朝にかけてできやすいため、納豆は夕食どきに食べるのがよいのかもしれない。

インドネシアには、テンペ（**図 3.5**）（インドネシア語：tempe）と呼ばれる、大豆を素材にテンペ菌で発酵した食品がある。日本では「インドネシアの納豆」と呼ばれることから、この項目に入れたが、通常の納豆は *Bacillus natto* と呼ばれる細菌を用いるのに対

図3.5　インドネシアのテンペ　→口絵6

し、テンペはクモノスカビに属する *Rhizopus oligosporus* を使用してつくる。テンペは味が淡白で、臭いと苦味はほとんどなく、納豆のような糸も引かない発酵食品である。

(8)　塩辛・馴れずし・くさやの干物

水産業界では昔から、漁獲された魚類をいかなる方法で保蔵して品質劣化を防ぐのかが懸案事項であった。

① 塩辛

伝統的な塩辛《しおから》は、魚介類の身や内臓などを加熱することなしに塩漬けにし、素材の持つ酵素に加え、微生物によって発酵させ、高濃度（8〜15%）の食塩により保存性を高めた発酵食品である。塩辛からは食塩耐性を示す乳酸菌が見つかっている。

② なれずし

「なれずし」とは魚を塩と米飯で乳酸発酵させた食品である。現在の寿司は酢飯を用いるが、馴れずしは乳酸発酵により酸味を生じさせるもので、これが本来の寿司である。日本海側各地には、アジやニシンなどの魚を使ったなれずしが多い。鮒《ふな》寿司は、ニゴロブナという名の魚と米を発酵させた「なれずし」の一種で、滋賀を代表する寿司である。

③　くさやの干物

「くさやの干物」とはクサヤモロという魚を原料とした干物で、主に伊豆諸島でつくられている。独特の臭いと風味を持ち、普通の干物よりも腐りにくいことが特色であり、関東地方で酒の肴として重宝されている。くさやの発祥については諸説あるが、江戸時代に伊豆諸島では天領として塩の年貢が課せられており、塩が貴重品であったため、近海でとれた魚を塩干しする際、同じ塩水を繰り返し使っているうちに、塩水は微生物の作用で特有の臭いを醸し出すことが発見されたようだ。くさやの原料としては、クサヤモロ以外にもアオムロ、ムロアジ、トビウオなどが使われている [12]。

Box 5　食品を腐敗させる細菌

バチルス・コアギュランス (*Bacillus coagulans*) という名の細菌はトマトジュース、缶詰、魚肉ソーセージなどを腐敗させる菌として有名だ。同じく胞子をつくるが、生育に酸素を嫌うクロストリディウム・ブチリカム (*Clostridium butyricum*) という細菌は酪酸菌と呼ばれ、味噌や沢庵漬けが不快な臭いをするのはこの菌の影響である。この細菌の仲間でありながら、強烈な食中毒を引き起こす菌として有名なのがクロストリディウム・ボツリナム (*Clostridium botulinum*) である。この細菌が生育すると、細胞外に毒素を分泌する。このボツリヌス毒素を食物とともに摂取すると、急激に神経系が侵され、ときに死に至ることもある。

④

発酵を支える微生物とその発見経緯

ブドウの搾汁液を静置しておくと、しばらくしてアルコールができる理由は長い間謎だった。少なくとも19世紀にパストゥールが登場するまでは、この発酵現象は生物が関与するものではなく、化学物質の反応であるという考え方が支配していた。ドイツの化学者ユストゥス・フォン・リービッヒ（Justus von Liebig, 1803～1873年）は、発酵作用に微生物が関係するようにみえてもそれは重要なことではなく、実際は純粋な化学反応として捉えるべきだと主張した。すなわち、発酵は有機物を触媒とした非生物的反応であると力説した。しかも、彼は酵母を生物とは認めなかった。

フランスの化学者で、かつ物理学者として有名なジョセフ・ルイ・ゲイ＝リュサック（Joseph Louis Gay-Lussac, 1778～1850年）は、ワインの発酵様式を解明すべく研究を進め、最終的に1分子のブドウ糖から2分子のエチルアルコールと2分子の二酸化炭素ができるという化学反応式を提案した。他方、1833年にフランスの化学者アンセルム・ペイアン（Anselme Payen, 1795～1871年）とその共同研究者ペルソ（Jean François Persoz, 1805～1868 年）は、麦芽の水抽出液中にデンプンを糖に変換する酵素あることを実証し、それを「ジアスターゼ」と名付けた。高峰譲吉は麴からジアスターゼを抽出し、自身の名前を冠して「タカジアスターゼ」と命名した。高峰はタカジアスターゼを胃腸薬として発売したところ、日米両国でヒット商品となった。

1854 年にフランスのリール大学の教授として赴任したルイ・パストゥールは発酵現象に興味を持って研究に没頭した。彼はすべての発酵現象は微生物の生育に伴って起こるもので、生きた微生物なしには発酵は起こらないと強硬に主張した。ドイツの科学者エドゥアルト・ブフナー（Eduard Buchner, 1860～1917 年）は酵母の菌体を砂（石英と珪藻土）とともに乳鉢に入れてすり潰し、素焼の板でろ過したところ、もはや生きている酵母のいないろ液でもアルコール発酵を起こすことを発見した。ブフナーはこの発見によって、1907 年にノーベル化学賞を受賞している。

4.1　発酵学を主導したパストゥール

パストゥールは 1822 年 12 月 27 日、フランスのドールに生まれた（**図 4.1**）。彼が成し遂げた最初の業績は、醸造に失敗して酸っぱくなったワインが詰まった樽の内側には、酒石酸の大きな結晶に混じって針状結晶ができることがある、という発見であった。彼は「結晶は形の違いはあるものの、左手と右手の関係のように、互いに重ね合わせはできないが、鏡像関係にある」との答えを導き出し「立体化学」の概念を確立した。その身近な例を示そう。アミノ酸に光を当てると光

図 4.1　ルイ・パストゥール

は左または右にねじる。光を右にねじるアミノ酸をL型アミノ酸と呼び、光を左にねじるアミノ酸をD型アミノ酸と呼ぶ。グルタミン酸ナトリウムはL型で、舐めると「旨味」を感じるが、D型グルタミン酸のナトリウム塩には「旨味」はなく、苦味を感じる。このように、自然界には立体的には鏡像関係にあるD型とL型の分子が存在することを発見し、それが彼の博士論文となった。ちなみに、酒石酸の大型結晶はL型で針状型結晶はD型である。

ナポレオン戦争（1796～1815年）が原因でショ糖（砂糖）の輸入が途絶えてから、フランスのリールの街は甜菜糖（砂糖大根に含まれる糖）を利用した酒精工業の中心地となっていた。リール大学に赴任したパストゥールは、その街の醸造業者から、ときどき「酸っぱくなったワイン」ができてしまう原因を突き止めてほしいと頼まれたことがきっかけで、「ワイン発酵」に興味を持った。しばらくして、ワインが酸っぱくなる「酸敗」という現象は、ブドウの搾汁液に乳酸菌が混入したためであると結論づけた。紀元前5000年頃の古代オリエント時代からワインは造られていたが、アルコール飲料のできる原理は誰もわからないままであった。パストゥールが発酵に興味を持った頃には酵母は発見されていたが、酵母とアルコール発酵の因果関係は解明されていなかった。そんな時代にパストゥールはアルコール発酵が酵母によるものであることを突き止め、以来、発酵学を主導した科学者として認められるようになった。

4.2 微生物の加熱処理

ワイン製造中の雑菌混入（微生物学で「コンタミ」と呼ぶ）による被害は気をつければ最小限にとどめられるが、完全に防止することは難しい。ちなみに、コンタミとはコンタミネーション（contamination）の意である。問題は微生物が製品にコンタミしてしまった場合、コンタミした微生物のさらなる増殖をいかに阻止するかである。パストゥールは、最初、雑菌の汚染を防止するために防腐剤を考えたが、ヒトに対して安全な防腐剤は思いつかなかった。いろいろ考えた挙句、雑菌を殺すために「加熱」を利用しようと考えたのだ。ただし、ワインを加熱すると温度条件と加熱処理時間によっては、風味と香りが失われてしまう。繰り返し検証実験を行った結果、ワインに含まれる空気（酸素）を減らして熱処理すれば、55℃ で加熱してもワインの味が変わらないことを見出した。これを「パストゥリゼーション（低温殺菌法)」と呼んでいる。この原理は、現在でも食品や牛乳などを、味を変えないで長期保存できる方法として汎用されている。日本では、牛乳は食品衛生法にもとづく乳等省令に従って殺菌される。乳等省令では「63℃ で 30 分間加熱殺菌するか、またはこれと同等以上の殺菌効果を有する方法で加熱殺菌すること」と定めている。

Box 6　醸造に使う麹菌はどのように選ばれたのか

種麹《たねこうじ》を販売する店（企業）を「もやし屋」と呼んでいる。現在でも、味噌、醤油、日本酒などを製造するために種麹を「もやし屋」から購入する。当然ながら、最終商品の品質を変えないようにと、購入した種麹菌を植え継ぎながら利用している発酵企業もある。

「もやし屋」の歴史は古く、400 年以上の歴史があるので、種麹として使われている麹菌は、数百年もの長い間、優良菌株を選別しながら植え継いできた菌株、すなわち、牛や羊のような「家畜化」あるいは「牧畜化」された菌株が麹菌アスペルギルス・オリゼ (*A. oryzae*) であるという説がある。その背景について以下に紹介する。

種麹菌の祖先とされるアスペルギルス・フラバス (*A. flavus*) においては、白色光の環境、すなわち明所で培養すると、分生子（conidiospore: 無性胞子）の形成が促進され、暗所では、逆に分生子の形成に抑制的に働くことが知られている。したがって、江戸時代以降の種麹製造が、地下もしくは半地下の暗所で行われてきたことから推測すると、*A. flavus* の優良な種麹の分生子を大量取得するには暗所は不利な環境といえる。

東京大学の北本勝ひこ教授の研究グループが *A. oryzae* の分生子形成能を調べたところ、暗所培養は分生子形成促進に働くことを見出した。すなわち、*A. flavus* のもつ明暗に対する応答が反対になった菌株が、長い間の家畜化の過程で *A. oryzae* として取得されたと考えられる。ちなみに、*A. flavus* は「アフラトキシン」という毒素をつくることでも知られている。すなわち、アフラトキシンを産生する *A. flavus* の明暗に対する応答が逆になった菌株が *A. oryzae* であり、それは家畜化された結果として誕生したようだ。さらに、麹菌の重要酵素である α-アミラーゼに関しては、*A. flavus* が α-アミラーゼ遺伝子を 1 つだけ持つのに対し、麹菌 (*A. oryzae*) では 3 個のアミラーゼ遺伝子を保有する。麹菌の役割は米のデンプンを糖化することなので、家畜化の過程で α-アミラーゼ遺伝子数の増幅した菌株が選別された。

さらに、*A. flavus* のアフラトキシンの産生性が食の安全面から研究された。全ゲノム解析の結果、日本で使用されている麹菌 *A. oryzae* はアフラトキシンを生産しないことが実証された。具体的には毒素遺伝子の欠失あるいは変異の結果、毒素産生能力を失ったといえる。ちなみに、アフラトキシンは肝障害を起こしたり、肝がんを発症させたりする。

ではなぜカビは毒素をつくるのだろうか？　アフラトキシンは菌核および分生子を形成するときにつくられることから判断すると、自然界で生育する *A. flavus* の分生子をダニなどに食べられないように、防御策として毒素をつくるのかもしれない [13]。

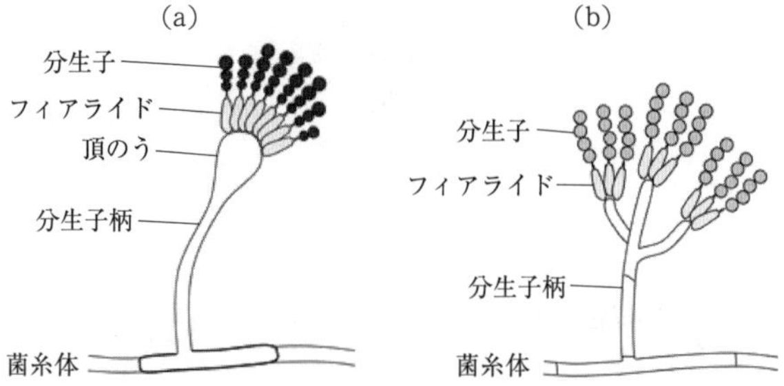

図　(a) アスペルギルス属と (b) ペニシリウム属の形態

出典：(a) https://ja.wikipedia.org/wiki/コウジカビ (Y tambe (2005)、CC BY-SA 3.0)、(b) https://ja.m.wikipedia.org/wiki/アオカビ (Y tambe (2005)、CC BY-SA 3.0)

5

海外と日本の発酵産業

旨味はおいしいと感じるための要素の1つではあるが、旨味とおいしさとは同格ではない。なぜなら、料理がおいしいと感じるかどうかは、食べる人の体調と食欲、料理の見た目、食べる場所の雰囲気や同席者などにより変化するからである。呈味（味の感じ方や成分）を大別すると、甘味・酸味・塩味・苦味の4種類の味になるが、1985年に開催された第1回うま味国際シンポジウムで、UMAMIという言葉が使われた。以来、旨味が第5番目の味として世界的に認知されたのである。ちなみに、旨味を呈するアミノ酸としては、グルタミン酸以外にアスパラギン酸がある。そのほか、グリジンやアラニンは甘味を、ロイシンとバリンは苦味を呈するアミノ酸である。

5.1 海外の旨味調味料

まず海外の旨味調味料に目を向けてみよう。世界にはその国に特有の伝統的発酵調味料がある。例えば、タイのナンプラーやベトナムのニョクマムのような、カタクチイワシを塩漬けして発酵させた「魚醤《ぎょしょう》」と味噌と醤油に代表される「穀醤《こくびしお》」がある。

「発酵調味料」は、魚、豆類、穀物などの食材を塩漬けしてから発酵させたもので、発酵プロセスのなかで食材に含まれるタンパク質が麹菌や好塩性乳酸菌テトラジェノコッカス（*Tetragenococcus*）属などの微生物によりアミノ酸へと分解されるので、旨味成分の「グルタミン酸」を含む調味料ができあがる。特に、アジアでは米飯が主流なので、米食文化と旨味は密接な関わりがある。

一方、古代ローマでは、「ガルム」や「リクアメン」といった魚醤が料理に使われていた。これは、サバやイワシなどを塩漬けしたあとに発酵させたものだ。特に、発酵物を最初にろ過したろ液、いわゆる、一番絞りの「ガルム」は珍重されていた。当時の料理にはガルムと蜂蜜が頻繁に使われていた。ガルムは旨味と塩味を加える調味料として利用されていたが、ローマ帝国滅亡とともに姿を消した。今の「アンチョビペースト」はそのなごりであるともいわれている。

そのほか、イギリスでは、南米から持ち込まれ、世界中で愛されているトマトを主成分とするウスターソースが初めて作られたことで知られている。それがトマトソースとともにアメリカ大陸に渡り、ケチャップやチリソースが誕生した。グルタミン酸を多く含むトマトはこのようにして世界中で食されている。

5.2 旨味成分の発見

日本人は昔から、料理に使われる昆布に旨味があることを体感的に知っていた。昆布が登場する最古の文献は平安時代初期（797年）に編纂された勅撰史書『続日本紀《しょくにほんぎ》』で、そのなかに「先祖以来、貢献昆布ハ、常ニ此ノ地ニ採テ」と記載されている。これだけの記述では昆布をいかにして食べたかはわからないが、昆布は朝廷への献上品であったようだ。

江戸時代になると「出汁《だし》」が広く普及し、関東では出汁として「鰹節」が使われ、関西では「昆布」が使われるようになった。関東と関西における出汁に違いがある理由として、昆布は北前船（北海道と大阪を、日本海回りで商品を売り買いしながら結んでいた商船群のこと）で北海道から大阪へ運ばれると上質の昆布から売れてく結果、関東に到着するころには残った昆布しかないので、江戸時代から関東では昆布だしはそれほど発達しなかったようだ。もう1つの理由として、関西の硬度が低い水質は昆布だしを引き出すのに適するが、硬度が高い関東の水は昆布からの旨味が出にくいので、関東では昆布ではなく鰹節が好んで使われたと推測される。

ところで、旨味の3大化学物質とは何か？　その答えは、グルタミン酸と、核酸の仲間であるイノシン酸およびグアニル酸である。グルタミン酸は水に溶けにくいがナトリウム塩にするとよく溶ける。実際、グルタミン酸ソーダと聞けば、「味の素」を思い浮かべる人が多い。グルタミン酸の含有量はトマトが真っ赤に熟す頃にピークとなる。そのまま味わってもとてもおいしい。実際、私の子ども時代に母から薦められて、食卓塩だけ振ってそのまま味わったところ、とてもおいしかったことを記憶している。

以下には、旨味の化学物質の生産技術を紹介するとともに、その技術が確立されていった経緯を紹介する。その際、旨味アミノ酸としてのグルタミン酸や呈味性核酸のほか、テアニン、アセトン・ブタノール、クエン酸、コハク酸の発酵技術についても紹介する。

5.3 グルタミン酸発酵

東京帝国大学理学部（現在の東京大学理学部）の池田菊苗《いけだきくなえ》教授

は、昆布だしの旨味成分を明らかにすることに精力を注いだ。そして 1907 年（明治 40 年）、昆布からグルタミン酸を取り出すことに成功し、グルタミン酸が昆布だしの旨味成分であることを証明するとともに、グルタミン酸のナトリウム塩が強い旨味を発揮することに気づいた。そして、工業的製法を考案し、1908 年にグルタミン酸ナトリウムの製造特許を取得した。翌年、グルタミン酸ナトリウムは、池田教授の命名した「味精」から「味の素」へと名前を変え、合資会社鈴木製薬所（現在の味の素株式会社）により製品化された。彼はこの功績によって、「日本の十大発明家」の 1 人に選ばれている。

食用グルタミン酸ナトリウム生産の先駆けであった「味の素」では、小麦に含まれるタンパク質の「グルテン」を加水分解することによってグルタミン酸ナトリウムを生産していたが、製造コストがかなりかかるため、石油に含まれるアクリロニトリルを用いた化学合成法に変えたのだった。その後、グルタミン酸ナトリウムは、以下のような発酵技術を用いて高生産されている。それを紹介しよう。

第二次世界大戦後、1956 年に協和発酵工業株式会社（現在の協和キリン株式会社）の木下祝郎らは、昆布の旨味物質であるグルタミン酸の「微生物発酵による工業生産」を世界に先駆けて成功した。具体的には、グルタミン酸を産生する細菌（コリネバクテリウム・グルタミカム：*Corynebacterium glutamicum*）を発見し、培養するための培地にサトウキビから砂糖を搾り取った残滓、いわゆる「廃糖蜜」を用いた発酵法で、グルタミン酸の大量生産技術を開発したのだ。この方法は従来の方法よりコスト面で優れていた。なお、発酵法で得られるのはグルタミン酸なので、水酸化ナトリウムを加えてナトリウム塩にすることによって、グルタミン酸ナトリウムを得ていた。

このコリネバクテリウムにおけるグルタミン酸生産は、この細菌が増殖しているときには起こらず、この細菌の生育必須因子であるビオチンの培地中の量を制限したり、界面活性剤（Tween 40）を添加した上でペニシリンを加えたりすると細胞表層の構造が変化することで、グルタミン酸が細胞外へ分泌されることが観察された。最近、銅イオンを加えてもグルタミン酸が生産誘導される現象も見つかったが、発酵したあとの精製品の取得に経費がかかるようでは工業化は難しい [14]。ちなみに、グルタミン酸は抗潰瘍剤の原料としても使われており、グルタミン酸発酵工程のなかで、そのアミノ酸の結晶が析出するので、発酵液の濃縮工程を追加することで、精製が大幅に簡素化され、コストダウンにつながった。

一方、アミノ酸摂取による悲しい事件も起こった。1989 年秋から 1990 年のアメリカで、昭和電工株式会社が製造した L-トリプトファンを含む健康食品を摂取した人の血中の好酸球が異常に増加し、筋肉痛や発疹が起こり、好酸球増加筋肉痛症候群 (eosinophilia-myalgia syndrome: EMS) を発症した人が極めて多く現れた。当時、昭和電工では、アントラニル酸を原料とする発酵法により L-トリプトファンを生産していた。この発酵法においては、生産効率向上のために遺伝子組み換え大腸菌が使用されていた。アメリカ食品医薬品局 (FDA) は、「L-トリプトファンのサプリメントを摂取した人々に発生した健康被害 (EMS) が、L-トリプトファンサプリメントの内容物に由来するのか、不純物に由来するのか、これら 2 つの組み合わせに由来するのか、それとも未知の外的要因に由来するのかについては確信を持って特定することができない」との声明を発表している。

5.4 核酸発酵

1913年（大正2年）、池田菊苗教授の研究室にいた小玉新太郎氏によって、鰹節の旨味成分はイノシン酸であることが解明された。ただし、イノシン酸の化学構造が複雑で製造コストが高すぎるため、1960年代になるまで工業生産には至らなかった。他方、1960年（昭和35年）、ヤマサ研究所の國中《くになか》明《あきら》氏によって、椎茸の旨味はグアニル酸によるものであることが判明した。

グルタミン酸ナトリウムの発酵生産技術が確立されて以降はイノシン酸とグアニル酸などの呈味性ヌクレオチドの工業生産に目が向けられた。

最近は、呈味性ヌクレオチドだけでなく、そのほかの核酸系化合物やQ10の発酵生産も工業レベルでできるようになっている。ちなみに、Q10は補酵素で、「ユビキノン」とも呼ばれ、ミトコンドリアでのATPの合成に重要な役割を果たし、ミトコンドリア膜で抗酸化物質として機能する。換言すれば、細胞が産生する抗酸化剤および細胞代謝活性化剤である。Q10は抗酸化、フリーラジカルの除去、身体の免疫力の向上、老化防止などの機能を備え、心臓病、がん、糖尿病、急性および慢性肝炎、パーキンソン病の治療に広く適用されている。最近は、Q10が食品、化粧品、老化防止製品などにも配合されている。

以上のような、アミノ酸発酵と核酸発酵は人の健康を維持するために不可欠な技術である。東京大学農学部の発酵学教室を主宰した坂口謹一郎教授は、「微生物にお願いして裏切られたことがない」という言葉を残している。

坂口研究室の門下生であった木下と國中は、まさに坂口教授の言葉を具現化した素晴らしい研究者である。1956年のグルタミン酸発酵法の発見からしばらくして、國中は酵母RNAを原料とする5′-ヌクレオチドの製造技術開発を進め、RNAを5′-ヌクレオチドに分解する酵素を微生物に求め、坂口教授の支援で広範囲な微生物の探索分離を行い、ペニシリウム属の青カビが酵素の一種である「ヌクレアーゼP1」をつくることを発見し、これを利用した呈味性ヌクレオチドの工業生産法を開発した。さらに、その工程で副産物として生じる5′-グアニル酸が、5′-イノシン酸よりも強力な呈味性を示すことを発見した。この二大発見であるアミノ酸発酵と核酸発酵は、日本発の独創的な微生物利用のバイオテクノロジー技術の高さを世界に知らしめた。

Box 7 アミノ酸発酵技術開発の経緯

協和発酵工業（現在の協和キリン）の加藤辨三郎社長（当時）は研究員の木下に対し、菌体外へアミノ酸を分泌生産させる技術を開発するよう命じた。当時は小麦や大豆からタンパク質を分離・分解してアミノ酸をつくる「抽出法」が主流だったが、コストが高いのが難点だった。のちに協和発酵工業の社長に就任した木下のインタビュー記事が載っていた [15]。

それによると、木下は加藤社長から「日本人の体格は貧弱だ。タンパク質が欠乏しているのが一因と思われるから、タンパク質の大量生産をやりたまえ」と言われたようだ。しかし、木下は「タンパク質をたくさんつくったとしても採算はとれそうにないし、いっそタンパク質の構成成分であるアミノ酸を大量につくってみようじゃないか。が、タンパク質を分解してアミノ酸をつくったのでは、タンパク質の絶対量が増えたことにはならない。アミノ酸以外のものからアミノ酸をつくらなくては面白くない」と考えたという。

木下は「それまでアミノ酸を微生物で大量生産した例はありません。第一、微生物でアミノ酸ができるのかさえ疑問視されていたくらいだから。確かに微生物はタンパク質をつくりますが、自らタンパク質を壊しアミノ酸として体外に出すということは、微生物にとっては自殺行為。まさか微生物がそのようなことをするはずがなかろうというのが、当時の学問の定説でした」と話した。ところが、木下は「世の中には変わり者、ひねくれ者の微生物がおりましてね。グルタミン酸をどんどんつくるやつがおるんです」と言い切り、1957年（昭和32年）、その工業化に成功したのだった。木下は「発酵法によるアミノ酸の大量生産を、真っ先に評価してくれたのはアメリカのメルク社です。『すぐに技術導入させてほしい』と研究者が飛んできましたよ。この成功に力を得て、タンパク質を構成しているアミノ酸を片っ端からつくろうじゃないかというわけで、次々にアミノ酸をつくりました」と話した。こうして、各種アミノ酸を工業生産する道が開かれたのだ。

このインタビュー記事をもう少し科学的に整理してみた。

前述の通り、1956年（昭和31年）、協和発酵工業はグルタミン酸発酵に使用されるコリネバクテリウム・グルタミカムを発見した。さらに、グルタミン酸をつくる微生物として、ブレビバクテリウム（*Brevibacterium*）属細菌も見出した。これらの細菌は生育するためにビオチンを要求する性質を持っている。これらの細菌を用いてL-グルタミン酸を培地中に大量生成蓄積させる際、糖質または酢酸を原料とする場合には、自然界から分離したビオチン要求性を持つ *Corynebacterium* 属細菌か *Brevibacterium* 属細菌を用い、培地中のビオチン量を制限すると、これら細菌はアミノ酸を大量につくったのだった。この発酵技術は食品工業界に革命を起こした。さらに研究を重ね、グルタミン酸以外のアミノ酸（リジン、オルニチン、アルギニン、スレオニン、バリン、チロシン）なども発酵法による量産化に成功した。この技術の特徴は、培地中のビオチン濃度を制限すると、グルタミン酸を培地中に多量に蓄積するが、ビオチンが過剰にあると、グルタミン酸は蓄積されずに、アラニン、アスパラギン酸、グリジンなどが蓄積するという原理を用いている。ちなみに、リジンは、*Corynebacterium glutamicum* のスレオニン＋メチオニン（またはホモセリン）要求株により大量蓄積することが見出され、糖蜜を原料に工業生産されている。ブレビバクテリウム・フラバム（*Brevibacterium flavum*）のスレオニン要求株もリジンを蓄積する。

5.5 テアニン発酵

テアニン（L-theanine）は茶葉に含まれるアミノ酸である。二番茶よりも一番茶、一番茶でも初期の若い茶葉の芽に多く含まれるが、成熟した芽では極端に減る。また、玉露のように日光を当てないように栽培すると、アミノ酸からカテキンへの生成が抑えられるため、茶葉はテアニンを豊富に含んだ状態となる。風邪をひきやすい冬に、シスチンとテアニンの混合物を被験食として臨床研究を実施した報告がある [16]。それによると、食品臨床試験の被験者として成人男性 176 名が参加し、シスチンとテアニンのアミノ酸混合物を摂取したグループでは、それを摂取しなかったグループ（プラセボ群という）に比べて、風邪をひいた割合は低く、悪寒や発熱などを訴える人も少なかった。このことは、特定のアミノ酸がヒト免疫力をアップさせて、風邪にかかるのを予防し、風邪症状を軽度にすることを示唆している。上述の通り、テアニンは、茶の木（*Camellia sinensis*）の茶葉に多量に含まれるアミノ酸で、グルタミンのアミド基の相手が、アンモニアからエチルアミンに置換した有機化合物である（**図 5.1**）。

別の臨床試験の報告書によると、テアニンの口からの摂取でストレスの抑制が認められ、血圧を低減化する作用も観察された。睡眠に関しては、テアニン摂取により睡眠の質の改善が報告されてお

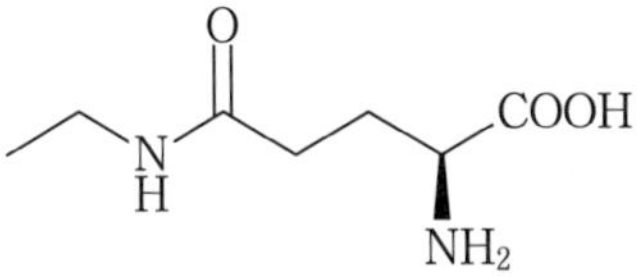

図 5.1　テアニンの化学構造式

り、中途覚醒の減少が認められている。ある研究グループはテアニンの発酵生産を目的に、発酵した海老ペースト（練った状態）から *γ*-グルタミルトランスペプチダーゼを産生する枯草菌を分離した。その枯草菌の産生する *γ*-グルタミルトランスペプチダーゼは、*γ*-グルタミル部位の供与体であるグルタミンに対する転移活性/加水分解活性の比率が高いという特徴を示した。その酵素によるエチルアミン塩酸塩とグルタミンからのテアニン合成量を調査した結果、グルタミンからテアニンへの変換率は 94% であったと報告している。

5.6 アセトン・ブタノール発酵

パストゥールはブタノール生産菌を発見し、1861 年にこの細菌によるブタノール生産を初めて成功させた [17]。工業的アセトン・ブタノール生産菌としては、偏性嫌気性で芽胞形成能を有するグラム陽性桿菌のクロストリジウム・アセトブチリクム (*Clostridium acetobutylicum*) などが見つかっている。

歴史的背景を説明する。日本における微生物によるアセトン・ブタノールの発酵生産の研究は、1930 年代前半に廃糖蜜を原料として開始された。第二次世界大戦後、航空燃料用に使われるブタノールを生産するために、世界中でアセトン・ブタノール発酵が行われた。なぜなら、欧米では戦闘機用の航空燃料としてオクタン価 100 が要求されるようになり、また日本海軍も 1934 年（昭和 9 年）の艦上戦闘機には高速性を求めるようになっていたからだ。

戦闘機の高速化に対応するため、燃料に対する技術革新も求められた。戦後、1940 年代後半から 1950 年代にかけて、石油化学工業の拡大により、合成法によるブタノール生産が普及し、アセトン・ブタノール発酵によるブタノール生産量が急激に減少した。しかし、1970 年代に起こった石油ショックにより、石油の枯渇が危惧され、石油化学工業からの脱却が叫ばれるようになった。アセトン・ブタノールの工業生産菌を探索分離した結果、*C. acetobutylicum* のほかに、*C. beijerinckii*、*C. saccharoperbutylacetonicum*、*C. saccharobutylicum* などが取得された。

アセトン・ブタノールを生産する細菌の特徴は、エタノール生産に用いられる酵母と異なり、アミラーゼを生成するので、デンプンを直接に基質とすることができる点である。さらに、ショ糖やセロビオースなどの 2 糖類、キシロース、アラビノース、ガラクトースなども利用してアセトン・ブタノールを生成できる。

5.7 クエン酸発酵

クエン酸は市場性が広い発酵産物である。アルカリ性の汚れを中和して落とすのが得意で、殺菌力もあるので、汚れを落としながら消臭と殺菌ができる。

クエン酸生産菌としてはアスペルギルス・ニガー (*A. niger*) が使われる。かつて、クエン酸は柑橘から抽出していたが、20 世紀前半には発酵法による工業生産技術が確立された。アメリカの製薬企業ファイザー社は 1919 年に発酵法を用いた量産を開始し、1939 年に砂糖を基質に用いた発酵プロセスを改良して大幅なコストダウンに成功した。このクエン酸発酵の技術は時を同じくして発見されたペニシリンの発酵生産工程を構築するための基盤となった。クエン酸の生産は生産国の原料供給体制に依存しているが、主に糖蜜やデンプンを原料としている。培養法は、表面培養法、液体培養法、固体培養法とさまざまである。クエン酸の効率的な発酵には、過剰量の炭素源の添加、低いpHと高い溶存酸素量、および金属イオンとリンの制限などの特殊培養条件が必要である。

クエン酸はTCAサイクルを構成する中間体としての役割があるが、その合成は、ピルビン酸に炭酸分子を付加してオキサロ酢酸を生成する酵素ピルビン酸カルボキシラーゼが担っている。しかしながら、*A. niger* によるクエン酸の合成と細胞外への排出が高効率で起こる要因はいまだよくわかっていない。

5.8 コハク酸発酵

コハク酸発酵の先駆け報告は、ブレビバクテリウム・フラバム（*Brevibacterium flavum*）によるグルタミン酸発酵からの発酵転換であった。グルコースから28.8 g/Lのコハク酸の生産性が報告されている[18]。グルタミン酸発酵は、ビオチン濃度を低く制限することによって行われるが、ビオチン濃度を高くしたり、通気量を減らしたりすると、グルタミン酸の蓄積が止まり、コハク酸が顕著に生産される。この現象を「発酵転換」と呼んでいる[19]。その後、嫌気性細菌の *Actinobacillus succinogenes* がグルコースから炭酸固定を行いながら、対糖収率37.7%で110 g/Lの生産を示した[20]。

近年、（公財）地球環境産業技術研究機構の研究グループが、グルタミン酸生産菌である *Corynebacterium glutamicum* を利用した生産プロセスを発表している[21]。この細菌の野生株は、嫌気条件下で、グルコースから乳酸とコハク酸を生産することができる。

6

発酵技術で生まれた治療薬

現在を生きる私たちは、パンデミックな感染症にどう立ち向かうべきなのか。かつて、病気に対しどう向き合ってきたかを歴史的に知ることがヒントとなるだろう。古代ギリシャの歴史学者トゥキディデスが著した『戦史』によると、紀元前430年の夏に発生した感染症では、アテネの総人口30万人の3分の1が亡くなったと伝えられている。エジプトやペルシャ（現在のイラン）などを経由して、グローバルな蔓延の様相を見せていたこの感染症は「ペスト」の可能性が高い。ただし、天然痘、発疹チフス、デング熱、あるいは麻疹《はしか》などの諸説もあって、アテネで流行した感染症名は特定されてはいない。患者は頭痛とさまざまな体の部位の炎症が起こり、嘔吐と下痢、痙攣を伴う高熱が続き、発症すると約1週間で死亡した。感染力の強い病気であったようで、患者から看護人や医療従事者へ容易に感染するなど、『戦史』には、人間同士のつながりが断たれることへの絶望感についても述べられている。この感染症は、紀元前427年の冬に第二波がきたという。

6.1 医療で使われる薬剤発見の経緯

(1) 抗生物質

世界を見渡すと、公衆衛生の整備が十分でない国がある。世界人口の約 3 分の 1 である 24 億人が清潔なトイレや良質な衛生環境を欠いた生活を余儀なくされ、10 億人がいまだに野外で用便を済ませている。その結果、毎年 80 万人もの 5 歳未満の子どもたちが、下痢や肺炎など、不衛生な水や環境に起因する病気で命を落としている。第二次世界大戦前後の日本においても、まさに公衆衛生環境は最悪だった。それに対処するため、わが国の製薬業界は立ち上がり、「微生物発酵」による医薬品の製造技術開発を進めてきた。

世界で最初に感染症対策に使われた抗生物質はアオカビのつくる「ペニシリン」であった（**図 6.1**）。その発見が発端となって、アメリカのラトガース大学のセルマン・エイブラハム・ワクスマン（Selman Abraham Waksman, 1888〜1973 年）教授は、土壌細菌の一種である「放線菌」がつくる有機化合物「ストレプトマイシン」を発見した（**図 6.2**）。ウクライナ出身のユダヤ系アメリカ人の彼は、「結核に有効な最初の抗生物質ストレプトマイシンの発見」により、1952 年のノーベル生理学・医学賞を受賞した。ちなみに、ストレプトマイシンの次に登場した抗生物質が「クロラムフェニコール」である（**図 6.3**）。これらの抗生物質の発見が契機となって、微生物発酵産物の開発が医薬品のなかで重要な地位を占めるようになった。特に、日本の発酵技術は進んでいたため、抗生物質生産の発酵工業は、戦後の荒廃した環境の中で、ペニシリン産業がわずか 3〜4 年で輸出産業までに成長し、戦後復興の一役を担うまでになった。その背景には、深部培養（好気性の微生物を培養液の内

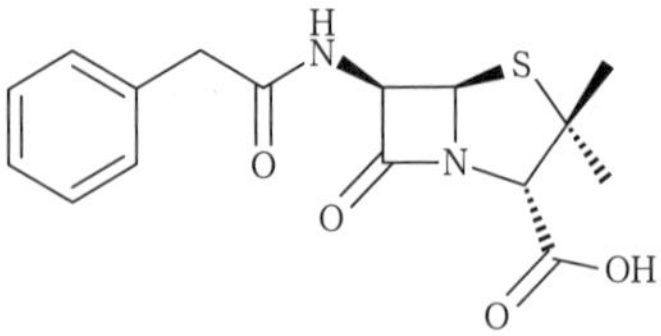

図 6.1　ペニシリン G の構造式

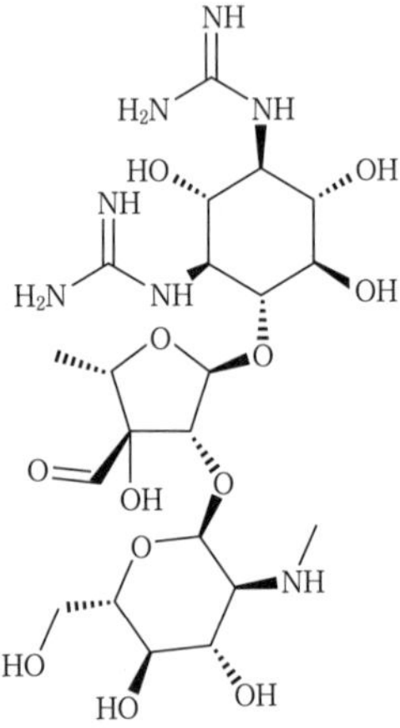

図 6.2　ストレプトマイシンの構造式

部で培養し、代謝生成物を得る方法）の開発のみならず、梅澤濱夫博士らによる生産菌株の改良や培養条件の改善があったことは言うまでもない。

以下に、日本初の重要な抗生物質について述べる。

1947 年に国立予防衛生研究所（現在の国立感染症研究所）設立とともに初代抗生物質部長に就任し、1954 年以降は東京大学応用微生物研究所教授を兼務した梅澤氏が 1957 年に発見した「カナマイシン」は、ストレプトマイシン耐性菌による結核にさえ、効果を示した（**図 6.4**）。その後、梅澤らは抗がん活性を持つ抗生物質

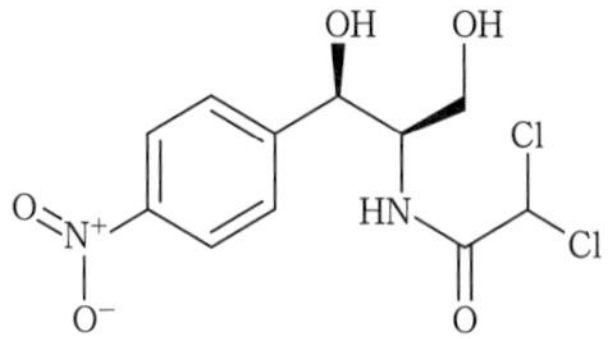

図 6.3　クロラムフェニコールの構造式

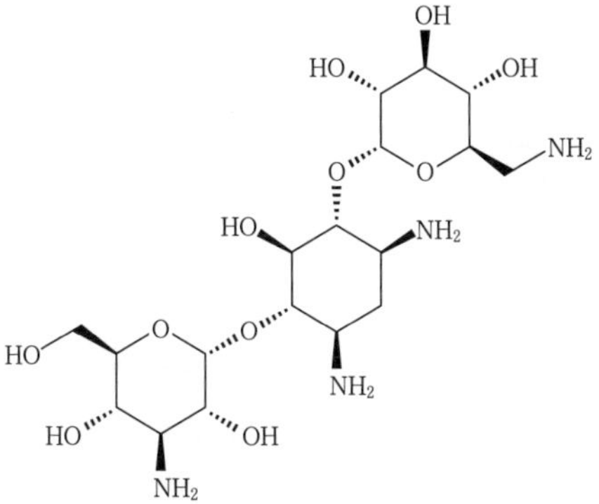

図 6.4　カナマイシンの構造式

として「ブレオマイシン (Bm)」を見出した（**図 6.5**）。ブレオマイシンは、福岡県嘉穂郡の土壌から分離された放線菌 *Streptomyces verticillus* の培養液中に分泌される。Bm は 1965 年に発見されたが、それには 1956 年の類似抗生物質「フレオマイシン (Pm)」の発見を基礎としている。Pm は動物の実験腫瘍に対して優れた治療効果を示し、毒性も低く有望視されたが、イヌに連続で静脈注射すると不可逆的な腎毒性が認められたため、臨床応用は断念された。その後に、Pm に似た物質で腎毒性の低い新規物質の探索が続けられ、Bm が発見されたのだった。また、北里研究所の秦藤樹博士が発見し、協和発酵工業の若木重敏らと共同開発した「マイトマイシ

(a)

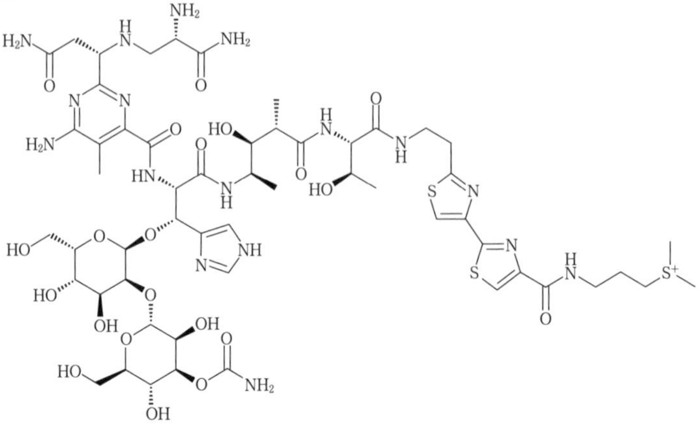

(b)

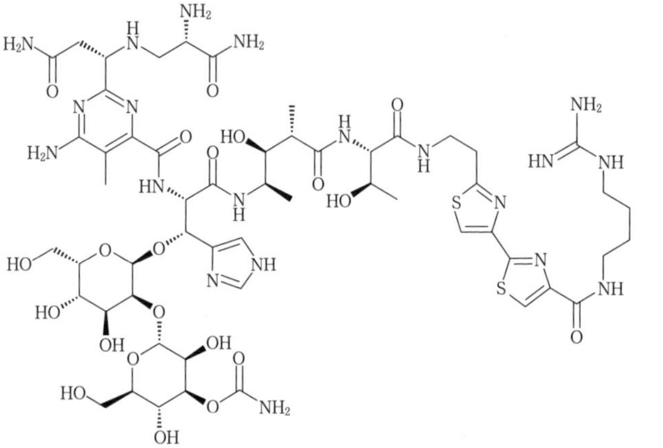

図 6.5　(a) ブレオマイシン A_2 と (b) ブレオマイシン B_2 の構造式

ン C」はがん治療に有効であることがわかり、抗がん剤として世界中で使われていった（**図 6.6**）。以来、多くの「日本発の抗生物質」が放線菌の発酵液から発見され、かつ、工業生産されて、感染症や

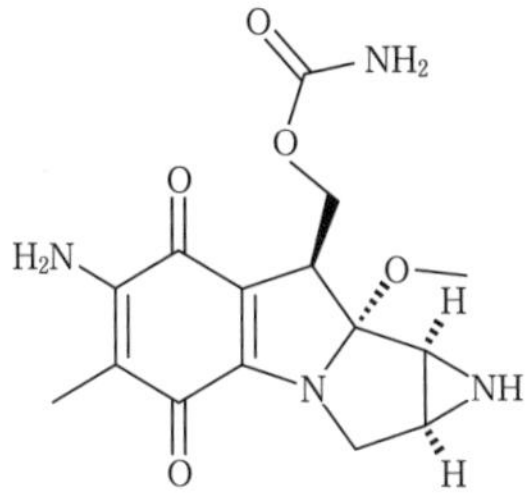

図 6.6　マイトマイシン C の構造式

がんから人類を救っている。

(2)　免疫抑制剤

臓器移植が世界で初めて行われたのは 1967 年 12 月で、その頃まで微生物がつくる免疫抑制剤の探索は進んでいなかった。1970 年、スイスの製薬企業サンド社は、北欧ノルウェーの土壌から分離したカビ (*Tolypocladium inflatum*) がつくる抗生物質に免疫抑制活性のあることを発見し、シクロスポリン A (CsA) と名付けた (**図 6.7**)。具体的には、サンドの研究員 J. F. ボレル (J. F. Borel) らが、1972 年、T 細胞に特異的な免疫抑制を示すことを実証したのだ。アミノ酸 11 個からなる疎水性の環状ポリペプチド構造をもつ CsA は、腎や肝などの臓器の移植成績を向上させた。しかしながら、腎障害、肝障害、血圧上昇、神経障害などの副作用が強いことから、安全で有効性の高い免疫抑制剤の開発が求められた。ただし、新薬の開発は人力だけでできるものではない。20 世紀になって、微生物の力を借りることをペニシリンの発見に学んだ。

日本において微生物の力を借りた免疫抑制剤がタクロリムス (FK506) である (**図 6.8**)。これを開発したのは藤沢薬品工業株式会社 (現在のアステラス製薬株式会社) で、戦後、この会社は「天然

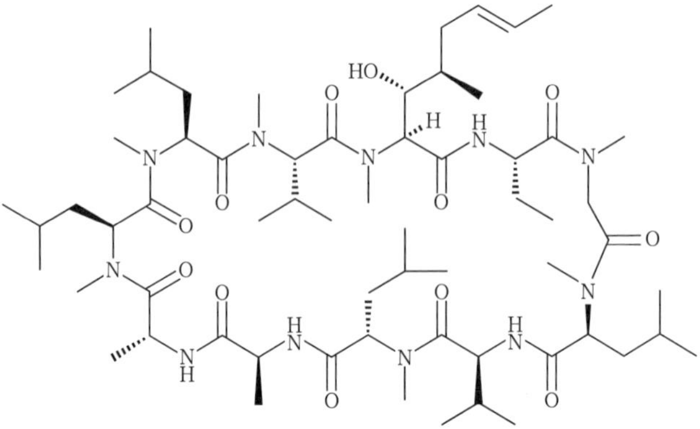

図 6.7　シクロスポリン A の構造式

物由来の医薬品」を創薬の理念とし、ペニシリンやトリコマイシンなどの抗生物質の生産を続けながら、培ってきた発酵技術などを生かして、微生物から新たな抗生物質の探索研究を続けてきた。しかしながら、1970 年代後半に入ると、時代の変化とともに医薬品開発の対象が感染症から抗がん剤へと移り、藤沢薬品工業でも創薬対象を見直すかどうかが会社の幹部の間で議論されるようになった。そして、1975 年、経営トップが抗がん剤と免疫抑制剤の分野まで領域を広げることを決断した [22]。

筑波山麓の土壌中に棲む微生物の発酵液中に見出された「タクロリムス」は、放線菌 *Streptomyces tsukubaensis* No. 9993 株がつくる抗生物質である。タクロリムスはマクロライド骨格を持つ化合物で、強力な免疫抑制作用を有するが、CsA より副作用は少なく、臓器移植後の拒絶反応を抑えた。また、リウマチおよび乾癬といった自己免疫疾患やアトピー性皮膚炎などにも適用できる医薬品として、いまや世界中で汎用されている。

ちなみに、発酵微生物がつくる医薬品開発では、ターゲット化合

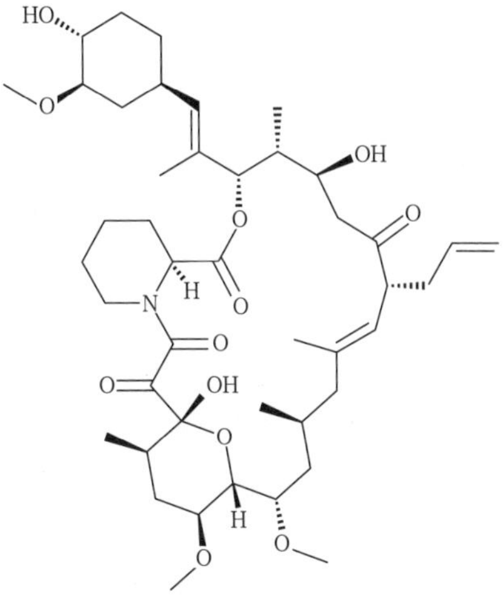

図 6.8　タクロリムスの構造式

物を土壌サンプルなどから発掘したあと、毒性試験と臨床評価（治験）を経て、医薬品としての有効性と安全性を証明する。そして、その発掘したターゲットの原石を工業生産レベルで供給するための製造技術を開発することが重要である。

世界中の土壌を集めるのには理由がある。自然環境が異なると、棲息する微生物の種類に違いが見られるからである。製薬会社や大学の研究者たちは、土壌微生物以外にも、水中に棲息する微生物や昆虫の体内のほか、高温高圧、永久凍土などの極限に棲む微生物にまで手を広げ、必ず新薬を開発しようと、新薬開発の手がかりを探し続けているのだ。

(3)　スタチン（抗コレステロール薬）

三共株式会社（現在の第一三共株式会社）にいた遠藤章氏はカビとキノコが生産する酵素の探索研究を推進し、1973 年夏に青カビ

(*Penicillium citrinum* Pen-51) から ML-236B (コンパクチンと命名、**図 6.9**) を発見した。これがのちに「スタチン」と総称される薬剤の第 1 号だ。遠藤は、6,000 株ものカビやキノコを 1 つずつ培養しては、コレステロール合成阻害剤を探すという、地道な作業を繰り返した。その際、当時、生理活性物質探索の宝庫として注目されていた放線菌ではなく、カビとキノコを分離源に選んだことが功を奏した。

「コンパクチン (スタチン)」は、コレステロール合成の最重要な酵素「HMG-CoA 還元酵素」を強力に阻害することから、高脂血症治療薬として、心筋梗塞や脳卒中などの血管障害性疾患に有効であり、遠藤はたちまち名声を得た。その後、コンパクチンは世界で 3,000 万人を超える患者の特効薬となり、数百万人以上の命を救ったといわれている。スタチン製剤の市場は約 3 兆円にも達し、彼の研究成果は、1985 年のノーベル生理学・医学賞受賞者マイケル・スチュアート・ブラウン (Michael Stuart Brown) とジョセフ・リオナルド・ゴールドスタイン (Joseph Leonard Goldstein) の「コレステロール代謝の調節に関する諸発見」での受賞に際し、決定的な影響を与えた。その結果、遠藤は、2006 年に「日本国際賞」、2008 年にはアメリカの権威ある医学賞「ラスカー賞」を受賞している [23]。

1976 年以来、アメリカのメルク社は、遠藤からコンパクチンに関するサンプルやデータの提供を受けながら独自に研究開発を進め、1978 年には麹カビの一種 (*Aspergillus terreus*) から新たなスタチンである「ロバスタチン」を分離している。

一方、コンパクチンに水酸基が導入された化合物である「プラバスタチン」は、コンパクチンに比べ 10 倍の阻害活性があることが明らかになった。そこで、プラバスタチンの大量生産を行うため、

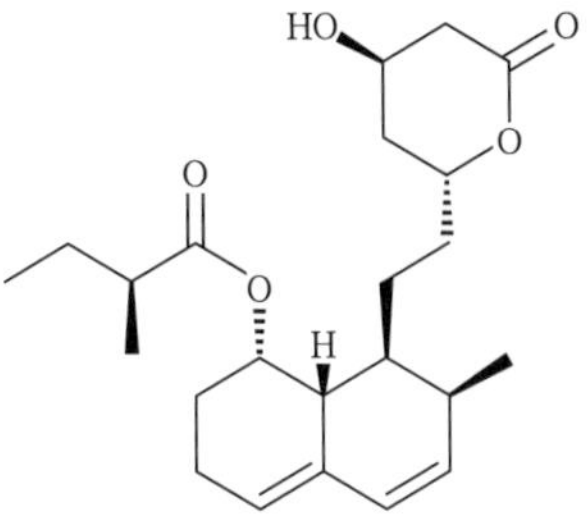

図 6.9　コンパクチンの構造式

(1) 青カビ *Penicillium citrinum*（SANK 11480 株）からコンパクチンを発酵生産し、続いて (2) 放線菌 *Streptomyces carbophilus*（SANK 62585）の変換酵素であるチトクローム P-450 を用いて、コンパクチンナトリウム塩 (ML-236BNa) の 6β 位に水酸基を導入するプラバスタチンへの変換発酵を行うといった、二段階発酵プロセスが採用された。

1979 年、遠藤は、赤色素をつくる紅麹菌、すなわち、*Monascus* 属糸状菌がモナコリン K と命名した物質を産生することを見出した。日本では認められていないものの、モナコリン K は海外において血清コレステロール降下剤として医薬承認されている。それに加え、紅麹菌は GABA を産生する。

Box 8　抗生物質はウイルス感染症に無力！

風邪症状を緩和するために病院を訪れると、なんらかの抗生物質が処方されることが多い。風邪の 9 割はウイルスの感染が原因なので、抗生物質ではウイルスの増殖を抑えられない。にもかかわらず、なぜ抗生物質が処方されるのだろうか？　一言で言えば、ウイルスに感染すると免疫が低下する結果、細菌による二次感染のリスクが高まるからである。風邪をひくと身体の抵抗力が低下し、熱が出て食欲も減退し、免疫力が落ちて細菌に感染しやすくなる。それでも無理して体力を消耗すると風邪症状は悪化し、さらに食欲と気力が低下する。そんな場合には、滋養をつけてゆっくり休養をとることだ。

本書を執筆していた 2022 年 3 月時点では、新型コロナウイルスであるオミクロン株や BA.2 株の出現で、海外への出国や外国人の入国が難しくなっていた。水際対策やワクチン接種率を高めていかないと、日本でパンデミックウイルス感染症の感染率が高止まってしまう。新型コロナウイルス感染症が中国の武漢で確認されてから 3 年半経つが、ウイルスがいつ、どのようにヒトに感染し、パンデミック（世界的な流行）を起こしたのかはまだ明らかになっていない。ただ、その「起源」に関する 1 つの仮説がある。それによると、新型コロナウイルスはもともと野生のコウモリに感染していたウイルスだったのが、なんらかの形でヒトに伝わったとする説である。動物がもつウイルスは、そのままだとヒトの間では伝わりにくい。それが、どこかのタイミングでウイルスの遺伝子が変化した結果、ヒトに感染しやすいようになったと考えられている。ウイルスに有効で、安全性の高い微生物医薬品の登場が期待されるところだ。

(4) 抗寄生虫薬

2015 年、北里生命科学研究所（現大村智記念研究所）の大村智特別栄誉教授（**図 6.10**）は、「線虫の寄生によって引き起こされる感染症に対する新たな治療法に関する発見」により、ノーベル生理学・医学賞を受賞した。彼は、産学共同研究の成果として、静岡県伊東市のゴルフ場の土から分離した放線菌 *Streptomyces avermectinius*（旧称：*S. avermitilis*）が、線虫をはじめとする「寄生虫」に有効な 16 員環マクロライド化合物をつくることを見出し、その物質を「エバーメクチン」(avermectin) と名付けた（**図 6.11**）。この抗寄生虫薬は、細菌と真菌には抗菌力を示さないが、寄生虫（回虫、肺線虫、糸状虫）と節足動物（ダニやハエ）には強力な殺虫活性を示す。作用機序としては、寄生虫や節足動物の神経に選択的に働き、神経麻痺を起こさせて死滅させる。特筆すべきことに、エバーメクチンは哺乳動物に親和性が低く、かつ、中枢神経系には作用しないために神経麻痺を示すことはない。その後、エバーメクチンの抗寄生虫活性を強め、かつ、哺乳動物への副作用をできる限り低減化すべく、アメリカのメルク社と共同研究を進め、有機合成法を用いて「ジヒドロ誘導体のイベルメクチン」(ivermectin) が開発された（**図 6.12**）。

図 6.10　大村智特別栄誉教授
大村教授の許可を得て掲載。

なお、この有機化合物は、1981 年から家畜の寄生虫に対する駆

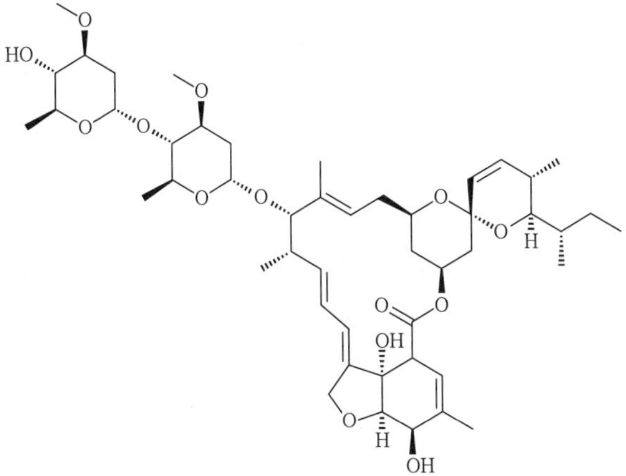

図 6.11　エバーメクチン B1a の構造式

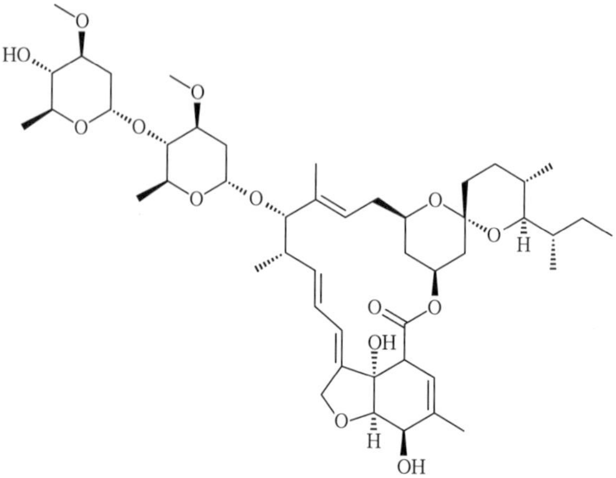

図 **6.12**　イベルメクチン B1*a* の構造式

除剤として適用されているほか、イヌのフィラリアの予防と駆除に著効を示す。動物薬としての使用経験を踏まえて検証した結果、ヒトの「オンコセルカ症」に対しても極めて有効なことが判明した。オンコセルカ症は回旋糸状虫である「オンコセルカ」の感染によって起こる風土病であり、皮下に大きなこぶ状の腫瘤をつくり、激しい痒みと発疹を伴う。幼虫が血流に乗って目に到達すると失明することがあることから、オンコセルカ症は「河《か》川《せん》盲《もう》目《もく》症《しょう》」とも呼ばれる。さらに、世界中で 1 億 2,000 万人もの患者がいるリンパ性浮腫と象《ぞう》皮《ひ》症《しょう》を特徴とする「リンパ系フィラリア症」や、ダニの寄生によって起こる「疥癬《かいせん》」の治療にもイベルメクチンが使われている。イベルメクチンはアフリカなどに無償で配布され、総計 3 億人を失明の危機から救ったといわれている。

発酵技術がもたらす SDGs

SDGs は、「誰一人取り残さない (Leave No One Behind)」を合

言葉に持続可能な社会の実現を目指す世界的目標である。自然環境の破壊を防ぎ、次世代エネルギーをいかに獲得するかを解決しないと地球上では生きにくい。その解決策の1つとして「発酵技術を応用しよう」と産学連携組織による研究開発が始動している。

例えば、生分解性プラスチックの「ポリ乳酸」をはじめとする環境にやさしい新素材の開発、世界中に行き渡るだけの食糧増産、感染症拡大を防ぐための医薬品開発など、発酵技術開発が負うところは大きい。また、微生物は生活排水や工場排水などの処理にも使われている。微生物を利用した排水処理では、分子量の大きなタンパク質や糖質などを微生物が資化するので、環境への負荷を減らしてくれる。さらに、地球温暖化による気候の変動に伴う問題に対しても発酵技術で解決することが期待される。例えば、ワインを製造するときに大量の二酸化炭素が発生する。カリフォルニア大学デービス校のロジャー・ボルトン(Roger Boulton)教授は「1リットルのブドウ果汁を発酵させると60リットルの二酸化炭素が発生する。それは車や飛行機から排出される二酸化炭素の5倍の量だ」と指摘している。すなわち、世界の二酸化炭素排出の1つは醸造にあるとして、酒づくりのプロセスのなかで二酸化炭素を捕捉し、その有効利用を考える必要がある。発酵技術は必ずやSDGsに貢献するだろう。例えば、水分子を電気分解して得られる水素分子H_2を利用すれば、二酸化炭素を固定化する微生物と組み合わせることができるかもしれない。あるいは、嫌気的条件下に、水素ガスを二酸化炭素で酸化してメタンを生成する古細菌が地球に存在するので、「メタン生成」古細菌を利用した発酵技術の開発ができるかもしれない。

Box 9　ペストに立ち向かう

人間の行動と心の葛藤を描いた小説として有名な『ペスト』は、フランスのアルベール・カミュ（Albert Camus，1913～1960 年）によって書かれた物語である。物語では、中世の街（アルジェリアのオラン市）でペストが広まり、店や交通が閉鎖される。登場人物の 1 人である新聞記者のランベールは、妻が住むパリに戻るために封鎖された街を脱出したいと願い、密売人コタールから、脱出請負人を紹介してもらう。一方で救護隊員グランは、ささやかな仕事でも人の役に立ちたいと頑張っていた。また医師のリウーは「神に支配されずに、不条理な状況に立ち向かうこと」を信条として患者の救護にあたっていた。ランベールは、リウーとオラン市のホテルに住む旅行者のタルーが患者と向き合い、感染症と戦うのを見て、パリ行きを断念し、彼らとともに患者の救護を決断する。神父パヌルーは「この感染症は特定の人への罪に対する神からの罰である」と説教する。感染者がますます増加するなかで、リウー、タルー、グランは懸命に患者に向き合って救護を続ける。そのなかでペストに侵された少年がもがき苦しみながら死んでしまう。リウーは、それでもまだ「神が与えた罰だと言うのか」と神父パヌルーへ問う。その後パヌルーもタルーも死んだ。そしてペストが終息し人々は元の生活に戻り、ランベールは妻と再会した。コタールは逮捕され、リウーは闘病中だった妻が死んだことを知らされる。

このように、フランスの植民地であるアルジェリアのオラン市をペストが襲い、苦境の中、団結する民衆たちを描き、不条理な運命と人間との関係が提起されている。医師と街の住人、新聞記者と逃亡者など立場はいろいろだが、全員が民衆を襲うペストの脅威に助け合いながら立ち向かう様子を書いている。

一方で新型コロナウイルスの終息の兆しが見えない現代社会においては、人々が孤立し自己責任と過剰な同調が求められ、息が詰まるほどである。

なお人間社会の不条理を書いた『異邦人』もカミュが執筆し、同作品はノーベル文学賞に輝いた。

⑦

未病および病気の予防改善に役立つ発酵技術

健康意識の高まりとともに、多くの日本人は「発酵食品」は「未病の改善や健康を維持するために役立つ」と認識するようになり、そうした人たちは、納豆やヨーグルトなどを積極的に食べている。ただし、歴史的には日本の発酵食品は病気を治すためにつくられたものではなく、食材の長期保存のためと嗜好の観点から偶然に発明されたものである。これら発酵食品が健康に悪影響を及ぼすならば、受け継がれずに途中で消えていったに違いない。言い換えれば、人々が発酵食品はおいしく、健康にも良いことを体感したことから、その製法が代々受け継がれてきたのである。

旧約聖書には、ユダヤ人の始祖アブラハムは「発酵乳と新鮮な牛乳で３人の天使をもてなした」と書かれており、同じく旧約聖書のなかで、預言者のモーゼは「発酵乳は最高唯一神であるエホバが、民衆に与えた食べものである」と讃えている。また、古代ローマ皇帝に仕えた医師のガレノス（129〜199年頃）はヨーグルトが腸に良いことを記述している。

7.1 未病の改善や健康維持に役立つ発酵食

1697年（江戸時代）に刊行された食の解説書『本朝食鑑』の「味噌」の項に、味噌汁は「腹中をくつろげ、血を活かし、百薬の毒を排出する。胃に入って、消化を助け、元気を運び血の巡りを良くする。痛みを鎮めて、良く食欲を引き出してくれる。嘔吐をおさえ、腹くだしを止める。また髪を黒くし、皮膚を潤す」と記されている[24]。

図 7.1　イリヤ・メチニコフ

ヨーグルトが医学研究の対象になったきっかけは、パストゥール研究所のイリヤ・イリイチ・メチニコフ（Ilya Ilyich Mechnikov, 1845～1916年）教授（**図 7.1**）の検証結果であった。彼は、「腸内の腐敗は老化の原因となるが、ヨーグルトを摂取して腸内の腐敗を防ぐことで、老化を防止することができる」と唱えた。ドイツ人医師 Hermann Senator（1834～1911年）は、精神疾患を含む全身疾患は、腸の自己感染であるという概念を1860年代に提唱している。1887年、フランス人医師 Charles Bouchard は自家中毒に関する講義で、「腸内細菌由来の有害な物質が精神疾患の原因となる自家中毒を起こす」と述べた。ちなみに、自家中毒とは、嘔吐《おうと》を繰り返す病気の1つである。主に神経質な性格の持ち主が、緊張や感染などを誘因として嘔吐を繰り返すと、血中にケトン体（酸性）の化合物が増加し、血液が酸性になる結果として、吐き気、腹痛、頭痛などの症状が現れる。

最近は、コホート研究（cohort study）が注目されている。これは、疾病の要因と発症の関連を調べるための観察的研究の手法の1

つであり、前向き研究（prospective study）ともいわれる。コホートとは古代ローマの歩兵隊の 1 単位を指すが、共通因子を持った集合体という意味も持つことから、集団を利用するこの研究が「コホート研究」と呼ばれるようになった。疫学分野のコホート研究は、例えば、地域、職業、生まれた年などの共通の特性を持つ集団を追跡して、その集団からどのような病気が発生し、また健康状態がどう変化したかを観察して、各種要因との関連を明らかにしようとする方法である。その有用性として、要因と健康状態の変化との関連性を検討する上で、先入観、データなどの偏り、思考や判断に特定の偏りをもたらす思い込み要因などが入りにくく、複数の健康状態の変化と病気の発生との関連性を評価できることなどが挙げられる。コホート研究の基本は、さまざまな要因を調査開始時に把握し、時間の流れに沿って健康状態の変化などを追跡して調べるので、健康状態の変化を疾病が発生してから後ろ向きに遡って調べる際に、過去の事象に対する思い出しやすさの違いにより生じる「思い出しバイアス」を防げるというメリットがある。その一方で、労力と調査費用が膨大で、稀な健康事象の場合には研究実施自体が困難となる。それに加え、信頼度を上げるためには非常に多くの対象者と調査期間が必要である。しかし、長期にわたるコホート研究で、ヒトの健康に関わる要因が明らかとなり、疾病予防に効果を上げた例は多い [25]。

今から 2000 年以上前の中国の書物である「黄帝内経《こうていだいけい》素問《そもん》」には「聖人は未病を治す」との記述があり、この時代にすでに、病気を引き起こす前の予防が重要であると認識されていたことがわかる。

日本では、2040 年に 1971～1974 年の第二次ベビーブームで生まれた「団塊ジュニア世代」が 65～70 歳となる。その上、少子高齢化が進み、65 歳以上の高齢者の人口がピークになることで起こる、

「2040年問題」がクローズアップされている。2040年以降は、労働人口が激減して労働力不足が深刻になるだけでなく、年金や医療費などの社会保障費も増大することが予想されている。ちなみに2025年は、1947～1949年の第一次ベビーブームで生まれた「団塊世代」が75歳になる年でもある[26]。このように2020年の20年後は団塊ジュニア世代が高齢者となり、中堅世代の人々は急減する。そうしたなかで社会の活力を維持し、「全世代とも皆元気」を実現していくためには、高齢者をはじめとする意欲のある人々が社会でなんらかの役割を持って活躍できるよう、多様な職業や社会への参加ができる環境整備を進める必要がある。そのためには、未病の改善と予防医療を強化して健康寿命の延伸を図ることが求められる。

7.2 フレイル予防に役立つ発酵食

ところで、歳を重ねるにしたがい心身の脆弱が起こることを「フレイル」と呼んでいる。ヒトは加齢とともに運動能力も低下するし、さまざまなストレスを受けると心が脆弱になっていく。フレイルそのもので、今すぐ重篤な問題が起こるわけではないが、体重の減少と気力の低下、活動度の減少などが複合的に起こると、やがて心身の活力が低下してしまう。

最近は、「サルコペニア」(筋肉の喪失) という言葉も耳にする機会が多くなっている。人間は筋肉があるからこそ、体を動かし活動することができる。しかし、筋肉が減少していくと、転倒や骨折のリスクが高まり、ひいては寝たきり状態になりかねない。したがって、フレイルとサルコペニアは互いにリンクし、片方のリスクが高まると、もう片方のリスクが顕在化するので、同時に予防していく必要がある。ヒトが元気を失い、介護を受けることによる経済的損失は年間6,000億円と推測されている。

介護状態になってしまうと生活が不自由になるだけでなく、家族にも負担がかかることになる。そこで、フレイルにならないようにすることが極めて重要で、サルコペニアを回避する生活習慣を心掛ければ、自ずとフレイルを回避することにもつながる。この両者を予防するには「食べること」と「動くこと」である。筋肉量を維持するためには良質なタンパク質を摂取することが重要で、転倒や骨折の予防には牛乳や魚などのカルシウムも摂ることが大切である。

女性ホルモンの低下や加齢によって引き起こされる病気の1つが「骨粗しょう症」である。古い骨が破壊されることを「骨の吸収」と呼ぶが、健康な骨の維持には骨の形成と吸収といった代謝のバランスが鍵となる。閉経や加齢により、骨の分解を抑制する「エストロゲン」と呼ばれる女性ホルモンの分泌が急速に低下する。その結果、骨の形成が吸収に追いつかなくなり、骨が破壊されてしまう。それに加えて無理なダイエットや偏食により、カルシウムやタンパク質、ビタミンD、ビタミンKが不足すると骨量が低下してしまう。そこに、発酵食品が活躍する舞台があるといえる。例えば、ビタミンKは「納豆」に多く含まれているし、ビタミンDは「鰹の塩辛《しおから》」に多く含まれている。「塩辛」は、鰹やイカなどの魚介類の身や内臓を加熱しないで塩漬けする。素材自体の持つ酵素および食塩耐性を持つ微生物により食材を発酵させるので、長期保存できる発酵食の1つである。乳酸菌は高塩濃度でも生育可能な細菌であるため、塩辛製造になくてはならない微生物であるが、旨味改善や保存性向上の目的で麹や日本酒、唐辛子などを加える例もある。

体内にカルシウムを補充できる薬としては、カルシウム製剤と呼ばれるものがあり、これは骨粗しょう症、高リン血症、消化器症状などを改善する効果がある。カルシウムは体内で骨を強くする作用、リンを体外へ排泄する作用、胃酸に対する制酸作用がある。通常、カルシウム製剤は夜に服用することから判断すると、カルシウムが豊富な乳製品は夕食時にプラスして摂取するのがよいようだ。そのほかにも、ヨーグルトは特に優れた食品で、乳酸菌での発酵によって生成する乳酸や酢酸のような短鎖脂肪酸は腸内を酸性にするため、カルシウムの吸収率が高まることが期待できる。牛乳に含まれるタンパク質の80% ほどを占めるカゼインは、分子全体としてマイナスの電荷を帯びているので、Ca^{2+} や Na^{+} と結びつきやすいことも理由の一つである。

7.3 認知症予防に有効な発酵食

認知症を患う患者は国内にどれぐらいいるのだろうか。2017 年の高齢者白書によると、2012 年は 460 万人で、高齢者人口の 15% という割合だったが、2025 年には 20% に増加するという推計がある。認知症の根本治療法の確立は今後に委ねるしかないが、食生活によって認知症を予防改善できると期待されている。

ごく最近、チーズを食べると認知機能の低下が予防できるという仮説を立て、東京大学、学習院大学およびキリンホールディングス株式会社の共同研究グループが、アルツハイマー型認知症のモデルマウスに「カマンベールチーズ」を摂餌させて様子を観察した。その結果、牛乳から脂肪と固形のタンパク質を取り除いたあとに残る液体であるホエイ[1)]（乳清）に含まれている Tryptophan-tyrosine (WY) 配列を持つペプチドには認知機能を改善する機能のあることが見出された。市販のチーズの WY 配列ペプチドの含有量を調べ

---

1) 新鮮な牛や山羊の乳に凝乳酵素「レンネット」を加えると乳が凝固して、固形分と水分に分かれる。この固形分を成形し、熟成させたものがチーズで、水分をホエイ（乳清）と呼んでいる（2.3 節 (3) 参照）。

図 7.2　典型的なブルーチーズ　→ 口絵 7

たところ、青カビで発酵させたチーズに多く含まれていた。この結果から判断すると、加齢性の認知機能の低下を予防・改善するためにブルーチーズ（青カビチーズ、**図 7.2**）を積極的に摂取することは良いことだと思われる。

ブルーチーズづくりには牛乳ではなく羊乳を使う。また発酵するために使う青カビは生育に空気を必要とするので、原料乳に青カビの胞子をまぶしてから凝乳（カード）を生成させる。その後、カードをもみほぐして隙間ができやすいように成形し、表面に塩を刷り込む。さらに、青カビの生育には酸素が必要なので、串で多数の孔をあけてから熟成させる。このとき、カードはプレーンヨーグルトのように柔らかく崩れやすい半個体の状態であり、カードに切れ目を入れると水分（ホエイ）が滲み出でくる。こうしてチーズを熟成させた結果、チーズの内部に不定型な隙間ができて、青カビはその隙間に沿って繁殖するので、切り口はちょうど大理石のような模様となる。こうしてつくられた、羊の乳を用いたロックフォールチーズ、すなわち、ブルーチーズは風味が強烈、味も濃厚、そして塩味も強い。だが、好む人にはそれが何ともたまらないようだ。

7.4 サルコペニアの予防と改善に役立つアミノ酸

サルコペニアの予防や改善には、適度に身体を動かし、タンパク質を十分摂取することが必要である。最近、特に注目されているのが必須アミノ酸の１つである「ロイシン」の摂取である。身体の筋肉量が増え、歩行能力も改善されることが報告されている。肝機能を改善するためには「オルニチン」を取るのがよい。それは肝臓で行われるアンモニア解毒作用に有効だからである。アンモニアはグルタミン酸からグルタミンを生み出すのに必要ではあるが、アンモニアが大量に体内に蓄積すると非常に危険である。そこで、肝臓はアンモニアを尿素に変えて排出する。すなわち、オルニチンは「尿素回路」というアンモニアの解毒システムの一員として、身体に有害なアンモニアを肝臓が取り込み、尿素に変えている。解毒が不十分だと血中にアンモニアが増加し、それが脳に到達すると「肝性脳症」を引き起こす。味噌にはロイシンやアルギニンが多く含まれているし、トウモロコシ由来の糖質を原料としてオルニチンを多く含む発酵食品がつくられている。

7.5 メタボリックシンドロームに役立つアミノ酸

最近よく耳にする「メタボリックシンドローム」は、脂質代謝異常症とも呼ばれている。それによって肥満、高脂血症、高血圧、糖尿病などを併発し、身体の複数個所で機能低下を引き起こす。メタボリックシンドロームに効果的なアミノ酸は「シトルリン」と「GABA」である。シトルリンには一酸化窒素（NO）の生成を高める効果があり、動脈硬化の緩和に有効である。一酸化窒素には、体内中の血管をリラックスさせて血管を広げ、血流を増やす効果がある。さらに、血球が血管壁に接着するのを抑制する効果や、血管の肥厚を抑制する効果、悪玉コレステロール（LDL）の酸化を抑制する効果もある。このように、シトルリンは血管を守る大切な役割を担っている。一方 GABA は、摂取すると血圧が低下するとの臨床研究が報告されており、私も服用している。ちなみに、GABA には精神をリラックスさせる効果もあるといわれている。

人間や動物の体を構成するタンパク質は 20 種類のアミノ酸で構成されている。体内で充分に合成できないアミノ酸は、必須アミノ酸と呼ばれ 9 種類ある。その 1 つ、L-リジンの生産には、L-グルタミン酸発酵に用いられるコリネバクテリウム・グルタミカム（*C. glutamicum*）からホモセリン要求株を取得し、L-ホモセリン、またはL-スレオニンとL-メチオニンを制限して培養すると、著量のL-リジンが培地中に蓄積することが 1958 年に協和発酵工業の木下らによって報告された。

C. glutamicum のアスパラギン酸系アミノ酸の生合成と代謝調節を図（**図 7.3**）に示した。L-アスパラギン酸から枝分かれしてL-リジン、L-メチオニン、L-スレオニンが生合成されるが、L-アスパラギン酸をリン酸化する aspartate kinase はL-リジンとL-スレオニンの双方が存在するとその酵素活性が阻害される。この阻害には両方の因子が必用という意味で協奏阻害（concerted feedback inhibition）と呼んでいる。またアスパラギン酸セミアルデヒド（aspartosemialdehyde）からL-ホモセリンを触媒する homoserine dehydrogenase の酵素活性はL-スレオニンによって阻害され、*C. glutamicum* から homoserine dehydrogenase を欠損した変異株をL-ホモセリンもしくはL-スレオニンとL-メチオニン両方の栄養要求変異株として取得することもできる。

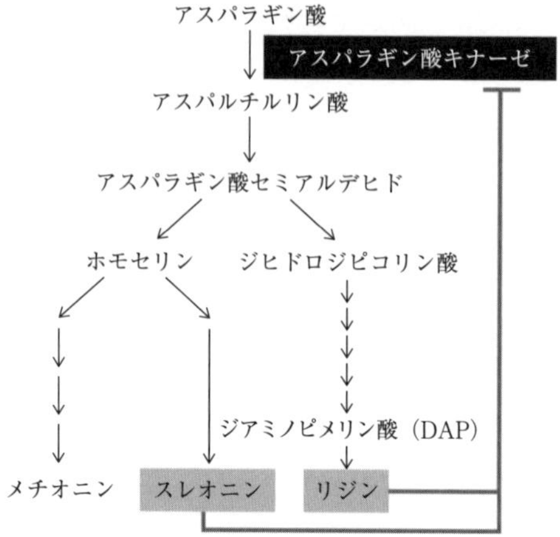

図 7.3　リジン発酵の原理

C. glutamicum におけるアスパラギン酸系アミノ酸の生合成経路（出典：文献[27]）。

7.6 発がんを抑制する発酵食品

ごく最近、鳥取大学医学部の岡田太教授らの研究グループが、炎症性の発がんモデルマウス用いて調査した結果、玄米および米ぬかを発酵させた食品 (fermented brown rice and rice bran with *Aspergillus oryzae*：FBRA) をマウスに摂取させると、炎症が抑制される結果、がんの発症も有意に抑制したと発表した。しかしながら、玄米や米ぬかの摂取、すなわち、非発酵食では炎症を抑制しなかった。この結果から判断すると、麹菌を用いて米ぬかを発酵させた「FBRA」が炎症性疾患の抑制作用を発揮したと推測されるが、この抗炎症用は腸内細菌を介して発揮されるものと思われた[28]。

Box 10 リジンを食べないと生きていけない恐竜物語

1993 年、スティーヴン・スピルバーグ監督が、小説『ジュラシック・パーク』（マイケル・クライトン著、1990 年）を映画化した。あらすじとしては、登場人物の 1 人である大富豪のジョン・ハモンドがコスタリカ沖の孤島に本物の恐竜に出会える「ジュラシック・パーク」の建設を計画し、そこに人間の想像を超える恐竜が放たれるというものだ。

図　ティラノサウルスのイメージ

映画ではまず、太古の恐竜の血を吸った蚊が閉じ込められた琥珀を見つけ、そこに残っていた血から DNA を採取し、恐竜の子どもを孵化させることに成功する。孵化させた恐竜はすべて雌になるように遺伝子操作して、パーク内で繁殖できないようにされた。さらに、パーク内の恐竜はアミノ酸の L-リジン（以後リジンと略す）を自力でつくれないよう遺伝子操作されていたので、リジンを食べない限り生きていけないという設定であった。

ちなみに、リジンは必須アミノ酸であるが、植物性タンパク質では含量が少ないので、われわれの生活においても、動物性タンパク質の摂取量が少ない地域では栄養的に大きな問題となっている。実際、米、小麦、トウモロコシなどはリジン含有量が少ないので、リジンを豊富に含む、肉、魚、乳製品、豆などを食べる必要がある。

この映画は、人間は科学の力で何でもできるという錯覚に陥ってしまうが、使い方次第では逆に科学が人間を苦しめてしまうとの警告を発している。

Box 11 貝原益軒が唱えた健康長寿の心得

儒学者として活躍した貝原益軒《かいばらえきけん》（1630〜1714 年、**右図**）が 84 歳で亡くなる前年に著した『養生訓』には、「味噌、性和にして腸胃を補なふ」と、味噌が胃腸に良いことなどが書かれている。健康長寿の心得を書いた同書は当時のベストセラーとなった。

貝原益軒

養生とは、日々の生活に留意し、健康の増進を図ること。摂生に努め、病気を予防することを意味する。貝原益軒は若い頃から徹底して養生に努めてきたといわれている。彼は生まれつき身体が弱く、若いときに重病を抱え、健康とは縁遠い人生を送った。だからこそ、順風満帆な人たちよりも体調に注意しながら人生を送ってきたのだろう。彼は、平均寿命が 50 歳にも満たない江戸時代にあって、80 歳を過ぎても歯は 1 本も欠けず、暗い夜でも小さい文字の読み書きができたと自ら書き残している。益軒の生きる理念は、中国古来より長い年月をかけて蓄積されてきたものと合致している。したがって、養生訓の思想は中国の古典本の影響を強く受けているといえよう。それら思想の特徴は、簡潔にいえば、できるだけ病気にならないように努めること、また、病気になってから対応するのではなく、病気にかからないためにどうするか、いかに健康に気を配り心身を維持していくかという、いわゆる予防医学の思想である。生活習慣病を患う現代社会の人々にこそ、養生訓から学ぶことは多いと思われる。さらに言うと、『養生訓』第 105 項・第 59 項目によると、「養生のすべは心法をよく慎んで守らなければ行われないものである。心を静かにして落ちつけ、怒りを抑えて欲を少なくし、いつも楽しんで心配をしない。これが養生のすべであって、心を守る道でもある。心法を守らなければ養生のすべは行われないものだ。それゆえに、心を養い身体を養う工夫は別なことではなく、1 つのすべである」とされている。

8

植物乳酸菌による生薬発酵技術

生薬は薬効成分を単一物質とせずに用いる「未精製の薬剤」である。中国最古の薬物学書（本草学）の『神農本草経《しんのうほんぞうきょう》』には、365種類の生薬が収載されている。「神農」は、古代中国の伝承に登場する三皇五帝の１人で、医療と農耕の技術を教え、自ら毒味して薬草の効能・効果と安全性を検証した。生薬をいくつか組み合わせたものが「漢方薬」である。古典医学書にもとづく薬物療法を扱う「漢方医学」は、5〜6 世紀頃に中国医学をもとにして日本国内で発展していった。すなわち、生薬は、その有効性や安全性を確認しようとした人が自ら体感し評価した品質の高い薬剤といえる。

薬用植物の薬効成分の本体はどのような化合物なのか明らかにするために、薬理活性化合物の単離精製と構造解析が行われてきた。例えば、ケシ（poppy）の実からはモルヒネが単離され、タバコの葉からはニコチン、コーヒーからはカフェイン、ケジギタリスからは強心利尿作用をもつジゴキシンなどが単離された。このように、薬用植物は医薬品開発のためのリード化合物（薬剤の候補物質）の供給源となっている。しかしながら、薬用植物から得られるリード化合物の量は極めて少ないことから、そのままでは活性本体を医薬品にするための工業化は難しい。

8.1 病気の治療に使われる薬草

人類と病原体との戦いは、古代人が家畜を飼育するようになってから始まった。天然痘、結核、インフルエンザなど、有史以来の強力な感染症の多くは家畜から発生したものであり、WHO は新型コロナウイルスの発生源を動物と推定している。すなわち、動物とヒトとの接触が感染症を発生させる原因であることを示唆している。ただ、古代アテネが感染症のために滅亡したという事実はない。病原体の存在すらわからなかった古代では、病気は「呪い」や「神の怒り」と考えられ、ときに神が怒り狂って疫病を通じて罰したとも考えられていた。食物を食べて下痢をすれば、それは食物に住む悪魔の仕業であり、原因不明の高熱が出れば、その人に悪霊が取りついたせいだと考えた。このように、病気は長い間、精霊や悪霊の仕業として恐れられ、病気の苦しみや恐怖から逃れるために人間はひたすら祈るしかなかった。それでも時が推移していくうちに、人類は薬草を含む食物が病気を治すことを体感していった。古代ギリシャの医師ヒポクラテスはギリシャ各地を旅し、その地で起こった病気の症例を克明に記録していった。そして、病気を「急性」、「慢性」、「風土病」、「流行病」に大きく分けた。流行病という意味の古代ギリシャ語は「エピデーミア」であり、WHO が感染流行と定義した「エピデミック」(epidemic) の語源となっている。ヒポクラテスは、疫病には季節性があること、ならびに、汚染された水や空気に触れると感染すると考えていた。

太古の昔、人類は空腹を満たすために自然界に生えた草木を食べるしかなかったことがある。それが原因で下痢をしたり、吐いたり、死ぬことさえあったが、こうした経験から、食べられる植物、毒になる草木、病気の回復に役立つ植物を区別することを学んだ。その経験が世界各地の伝統的医療を生み、薬用植物は病気の治療、病気の予防、未病の改善に貢献していることを理解した。また、薬として利用できる「薬草」も摂取量を間違えば「薬害」が起こることを学んだ。すなわち、毒成分を含む薬草は「毒にも薬にもなる」ことを知った。それに関連して中国では「医食同源」という言葉がある。これは、「病気を治療するのも食事をするのも、ともに生命を養い健康を保つためには欠くことができないもので、源《みなもと》は同じである」という意味だ。病気を防ぐ食物と病気を治す薬はともに自然界から得ているからである。中国の薬には上薬（長期間用いてもよい薬）、中薬、下薬（毒性が強いため連用してはいけない薬）があり、2000 年の歴史のなかで、その使用法を体感することで記録してきた。民間で用いる際には、上薬として滋養強壮や健康維持に役立つものか、中薬として穏やかな薬草が用いられるべきで、毒が多い下薬は塗り薬としての使用に限るという考えがある。漢方では主に薬草を使用し、患者の体質や症状に合わせて、いくつかの薬草を配合して使用する。

薬草ではないが、「冬虫《とうちゅう》夏《か》草《そう》」という生薬もある[1]。不老長寿薬、強壮薬として珍重され、東洋医学では、病後の衰弱から脱するための薬として用いられてきた。日本には 1728 年（享保 13 年）に中国から入ってきた。冬虫夏草とは、キノコが昆虫や蜘蛛などに寄生して体内から菌糸を伸ばして菌核を形成したあと、昆虫の体内か

---

[1] 薬草あるいは薬用植物と呼ばれているものは、草や木の根や樹皮を利用する植物性生薬を指している。生薬と呼ばれるものは、植物だけでなく動物、鉱物をそのまま、もしくは乾燥して病気の治療や医薬品の原料として利用するものをいう。

ら棒状の子実体が形成されたものである。これも昆虫の体を利用してキノコが増殖し、薬となる発酵物質が生じたとも考えられよう。冬虫夏草という名前は、「冬は虫であるが、夏になると草に姿を変える」ことに由来する。そのほかにも「牛黄《ごおう》」が挙げられる。牛黄とは、牛の胆嚢に生じた胆石のことであり、鎮痛や鎮静を薬効としている。また、カキの貝殻を用いた「牡蛎《ほれい》」と哺乳動物の骨の化石からなる「竜骨《りゅうこつ》」も生薬である。主な成分は炭酸カルシウムで、鎮静作用と制酸作用を持ち、ストレスや不安で眠れない患者に処方される。

Box 12　古文書に記載の薬用植物と発酵乳の健康効果

イタリアの商人であったマルコ・ポーロ（Marco Polo，1254 年頃～1324 年）が書いた『東方見聞録』には、「東の国ジパングに不老長寿に効く薬用植物や香辛料がある」として、ケイヒ、コショウ、ジャコウ、ショウノウ、ダイオウ、ニクズク、リョウキョウ、ビャクダンなどが記載されている。

また、日本の古文書でも同様の記載が残されている。例えば『大般涅槃経《だいはつねはんぎょう》』中の「五味相生《ごみそうしょう》の譬《たとえ》」に、「牛より乳を出し、乳より酪《らく》を出し、酪より生蘇《しょうそ》を出し、生蘇より熟蘇《じゅくそ》を出し、熟蘇より醍醐《だいご》を出す、醍醐は最上なり」という一節がある。また、984 年に刊行された日本最古の医書である『医心方』には、酪、蘇、醍醐の効用として、全身の衰弱を治し、便秘を和らげ、皮膚を艶やかにすると記されている。

8.2　創薬の候補となる二次代謝産物

生物が、その物質をつくらない限り生きていけない物質を「一次代謝産物」と呼び、それをつくらなくても生きていける物質を

「二次代謝産物」と呼んでいる。薬用植物がつくる二次代謝産物は、アグリコンの水溶性と化学的安定性を得るために、植物細胞内では「配糖体」として蓄積されている。ちなみに、糖と糖以外の化合物（アグリコン）が結合した構造体を配糖体と呼んでいる。配糖体は疎水性が低いため、アグリコンよりも利用効率(bioavailability)が低く、弱い生物活性しか示さないことが多い。すなわち、植物二次代謝物がその生物活性を最大限に示すためには、配糖体をアグリコンへ変換することが極めて重要となる。

大豆に含まれるフラボノイドの一種「ダイゼイン(daizein)」は、腸内細菌によってエクオール(equol)に変換される。エクオールはエストロゲンという女性ホルモンに似た性質を持っている。ヒトは大豆を摂取すると、腸内細菌によりエクオールに変換されるが、変換ができる腸内細菌を有する日本人は約5割、欧米人に至っては3割ほどしかいない。閉経後に女性ホルモンであるエストロゲンが減少すると体調不良になりやすいが、予めエクオールの形で摂取すれば、未病から脱出できるかもしれない。このように、生薬や大豆などに含まれる成分は不活性の状態だが、投与後に腸内細菌が関与する代謝活動によって、本来の薬効を示す物質に変換される。この不活性型物質を薬学分野では「プロドラッグ」と呼んでいる。腸内細菌によって変換された最終産物が生薬の活性本体であることがわかって以降、天然物と腸内細菌との関係を明らかにする研究が注目されるようになった。その研究成果として、腸内細菌は生物活性を持つアグリコンへと変換する微生物として、重要な役割を果たしていることがわかってきた。

腸内でのアグリコンへの微生物変換反応には、脱グルコシル化、脱ヒドロキシル化、還元、C環切断、および脱メチル化などが知られている。特に、グルコースに由来する配糖体「グルコシド」の加水分解は、薬用植物に含まれる化合物が腸内変換を受ける際の重要な反応である。グリコシド加水分解酵素ファミリーに属する β-グルコシダーゼ（EC 3.2.1.21）は、β-グリコシル前駆体からアグリコンを切り離すのに重要で、動物、植物、真菌（カビ）、酵母、細菌などに広く分布している。したがって、β-グルコシダーゼを保有する微生物を用いた生薬発酵技術は、生物活性物質をその前駆体から得るための有用な方法であり、植物の二次代謝物の活性を量的および質的に改善するための魅力的なアプローチとなる。

8.3 健康長寿へ向けた植物乳酸菌の利用

乳酸菌は腸内細菌叢を構成する細菌群の1つでもある。ヨーロッパや国内大手食品会社では、「人にはヒトの乳酸菌」と称して動物由来の乳酸菌の研究開発を進めてきたことから、私は動物由来乳酸菌の研究を実施してもインパクトはないと判断し、2003年に乳酸菌の分離源を、果物、野菜、花、穀物、薬用植物などに特化することに決めた。これまでに探索分離して得られた乳酸菌の学名を決めた菌株は1,200株を超え、それらを「植物乳酸菌ライブラリー」として保存している。そして、これら植物乳酸菌の保健機能性を詳細に評価した結果、興味深い乳酸菌株については全ゲノム配列解読を行っている。

植物乳酸菌は、動物由来の乳酸菌とは異なる特性を有している。1つは、植物乳酸菌は胃酸や胆汁に対する耐性度が動物乳酸菌より明らかに高く、経口摂取しても生菌状態で腸管まで届きやすい点である。他方、動物由来の乳酸菌は、アミノ酸などに対する栄養要求性が高いため、それら栄養素が不足した環境下では生育が困難であるのに対し、植物乳酸菌の生育は良好である。

「立てば芍薬《しゃくやく》、座れば牡丹《ぼたん》」のように、美しい花として知られる芍薬の根は漢方薬「芍薬甘草湯《しゃくやくかんぞうとう》」として、急激に起こる筋肉の痙攣を伴うこむら返りの治療薬のほか、急性の腰痛・腹痛などに使われている。未病・予防医学共同研究講座の大学院生（ネパールからの留学生）が、ライブラリーに保存されている、伊予柑《いよかん》由来乳酸菌 *Lactobacillus brevis* 174A を用いて芍薬の抽出液を発酵させると、発酵液中に酸化および炎症を抑制する有機化合物が新生成することを発見した。その生物活性物質の構造を解析し、「ピロガロール」と同定した。芍薬発酵エキスは未発酵の芍薬エキスと比べると、極めて強い抗酸化作用が見出された。さらに、リポ多糖（lipopolysaccharide: LPS）刺激をしてマクロファージ細胞から放出される炎症性サイトカイン IL-6 および TNF-α 量は芍薬発酵液の添加より阻害され、かつ、iNOS（inducible nitric oxide synthase）、IL-6、TNF-α および IL-1β 遺伝子の発現が強く阻害された。

芍薬エキスには、モノテルペノイド配糖体、タンニン、ペオニフロリンが豊富に含まれている。本研究を通じて、植物乳酸菌 174A 株を用いて芍薬エキスを発酵すると、総フェノール含量が増加することが観察された。さらに、新生した生物活性物質はピロガロールで、この物質は抗酸化物質として機能する。ちなみに、48 時間培養して得られた発酵液中のピロガロール濃度は 92.12 μg/mL LPS にも達した。

漢方薬として用いられる薬用植物のなかには、抗酸化作用や抗炎症作用を持つものがあるものの、その含有量は極めて少ない。私の研究グループの成果として、乳酸菌を用いた発酵技術開発は生物活性物質の含有量を高めたり、あるいは新規の活性物質を生成させたりするために極めて有意義であることを示した。

8.4 炎症を改善する戦略

肥満、糖尿病、脂質代謝異常、高血圧などを合併した人は「脂肪肝」である可能性が高い。この病気は肝臓に中性脂肪が蓄積して肝障害を起こす疾患である。脂肪肝の原因は飲酒（アルコール）による脂肪肝と、アルコールを飲まない人に起こる「非アルコール性脂肪性肝疾患 (nonalcoholic fatty liver disease: NAFLD)」に大別される。NAFLD は非悪性の「単純性脂肪肝」と、肝硬変や肝がんへ進行する「非アルコール性脂肪肝炎 (nonalcoholic steatohepatitis: NASH)」の 2 つに大別され、日本には NAFLD が 1,000 万人、NASH が 100〜200 万人いると推定されている。

植物乳酸菌は生薬の水抽出液を培地として増殖できることがわかったことは先述した。そこで、「植物乳酸菌による生薬の発酵によって、炎症を抑える生物活性物質を新生させることができるかもしれない」との仮説を立て、それを検証することにした。最初に、NASH モデル細胞を用いて、生薬発酵液中に抗炎症性物質が新生するか否か調査した。この細胞モデルに脂肪酸を添加すると、炎症性サイトカインの 1 つ「インターロイキン-8 (IL-8)」が発現する。これを評価項目として、各種植物乳酸菌株で発酵させた 10 種類の生薬エキスの添加により、NASH モデル細胞の IL-8 発現が抑えられるか否かを調べた結果、艾葉《がいよう》（**図 8.1**）エキスを *Lactobacillus* (*Lb.*) *plantarum* SN13T、*Lb. plantarum* SN35N および *Pediococcus pentosaceus* LP28 で発酵させると各発酵液に炎症を抑える活性が確認された。*Lactobacillus* (*Lb.*)*plantarum* SN13T は、生薬の水抽出液を培地として増殖できることがわかった。すなわち、SN13T 株、SN35N 株および LP28 株の 3 種類の乳酸菌株で発酵させた艾葉抽出物の抗炎症活性を比較してみた。その結

図 8.1　艾葉（ヨモギ）

果、SN13T 株および SN35N 株で発酵させた場合は、未発酵の艾葉抽出物よりも抗炎症活性が上昇したが、LP28 株では、未発酵艾葉抽出物と同程度であった。ちなみに、SN13T 株で発酵させた艾葉抽出物の抗炎症活性は SN35N 株のそれより高かった。

3 株の植物乳酸菌株の全ゲノム情報を比較した結果、SN13T 株、SN35N 株、LP28 株の順に、β-グルコシダーゼをコードするオープンリーディングフレーム (open reading frame: ORF) の数が多かった。さらに、これらの ORF のアミノ酸配列にもとづいて本酵素の類似性に関する系統樹を作成した結果、SN13T 株は、ほかの 2 株とは異なり、本菌株に特異的な「β-グルコシダーゼ」を保持する可能性が高い。すなわち、SN13T 株のように、多様性に富んだ β-グルコシダーゼを持つ乳酸菌株は、より多くの植物二次代謝産物を基質として認識し、配糖体を加水分解できると考えられた。

次に、SN13T 株による発酵艾葉エキスからの抗炎症性物質の単離を試みた。活性を有する 90% (v/v) メタノール画分の成分を高速液体クロマトグラフ法 (HPLC) にて分析した結果、発酵艾葉抽出物では、未発酵艾葉抽出物にはない 2 つのピークが確認された。これらのピークは、SN35N 株で発酵させたものでもわずかながら検出されたが、LP28 株で発酵させた場合にはまったく検出されなかった。この結果は、抗炎症活性試験の結果と相関しており、活性の増強は発酵により新たに生成した2つのピークに由来する化合物であると強く示唆された。各活性物質の単一物質として精製を続けた結果、catechol と seco-tanapartholide C であると同定された。ちなみに、185 g の乾燥艾葉粉末から、両化合物の量はそれぞれ 22.3 mg および 18 mg であった。得られた2つの化合物はいずれも、キク科植物に豊富に含まれる物質であり、配糖体の構成成分としてもその植物に存在する。したがって、catechol と seco-tanapartholide C は、SN13T 株が保有する *β*-グルコシダーゼによる配糖体加水分解で生じた化合物であると推測される。このように植物乳酸菌の特定株によって、生薬の1つである艾葉に含まれる配糖体が加水分解により活性物質へと変換された結果、活性物質本体の量が増加したと結論した。このように、植物乳酸菌 *Lb. plantarum* SN13T による生薬の発酵は、生薬中の活性物質を大量に生成させる有用な方法であるといえよう。

8.5 アレルギー症状の予防改善に有効な植物乳酸菌の産生する細胞外多糖体

日本人の約4割がアレルギー性鼻炎に罹患している。目や鼻の不快感を伴うこの疾患は、ときに睡眠や生活の質の低下に影響を及ぼし、自然治癒率はわずか数パーセントなので、一度罹患すると半永久的にその症状に悩まされるという特徴がある。私の研究グループでは、イチジクの葉から植物乳酸菌の1つであるラクトバチルス・パラカゼイ（*Lactobacillus*（*Lb.*） *paracasei*）IJH-SONE68 を取得した（**図 8.2**）。この菌株は細胞外に多糖体を分泌する。IJH-SONE68 株の産生する細胞外多糖体（exopolysaccha-

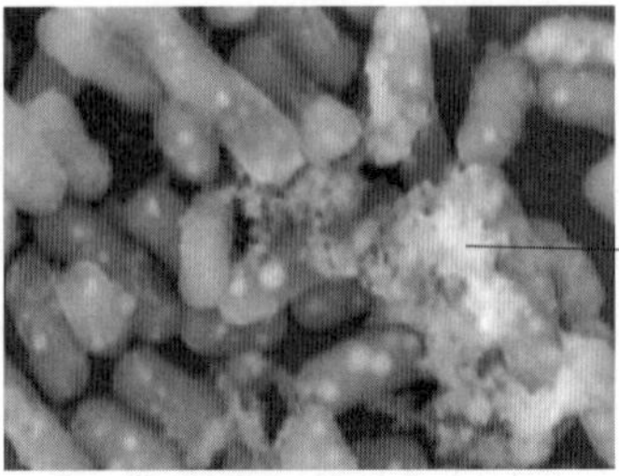

図 8.2　植物乳酸菌 IJH-SONE68 株

ride：EPS、電顕写真で綿のように見える物質）は、厳密には中性と酸性の 2 種類の EPS を分泌する。具体的には、この菌株によるパイナップル果汁発酵液を粉末化したのち、カプセルに詰めたものを被検食（試験食）として用いた。この臨床試験では、軽度のくしゃみ、鼻水、鼻詰まり、目のかゆみ、涙目、頭重感といった複数の状態を日常的に感じている人に、IJH-SONE68 株由来の EPS（中性および酸性 EPS の混合物）を含むカプセルを 12 週間摂取してもらい、上記項目の状態に関する自己評価（アンケートとして回答）の変化を評価した。その結果、この EPS により、通年性アレルギー状態、特に、くしゃみの回数、鼻をかんだ回数、涙目、そして頭重感などが改善された。さらに、IJH-SONE68 株がつくる EPS には、接触性皮膚炎や潰瘍性大腸炎の症状を改善する作用があることを動物実験で確認していることから、この EPS が自己免疫疾患を含む炎症性疾患の治療に対しても有効な薬剤となる可能性が期待できる。

9

発酵がつくる未来

9.1 世界の人口増に役立つ発酵技術

国連人口基金が2021年4月14日に発表した「世界人口白書2021」によると、2021年の世界人口は78億7500万人で、2020年に比べ8000万人増加している。国連が見込む世界人口は2050年には97億人に達するので、2020年から30年経つと約20億人の人口増となる。今後予想される人口増に伴う食糧確保と新規感染症発生のリスクを抑えるポテンシャルが必要であり、その役割の1つを発酵産業が担うことが期待される。

偶然に見つけた現象がヒントとなって生まれた伝統発酵技術には、健康長寿社会と未来医療社会を実現するためのヒントがある。直近10年で、日本から海外に輸出される発酵食品の消費量は2倍近くに拡大している。発酵食品は日本の専売特許ではないが、国内に広がる発酵食文化には地域独特の素晴らしいものがある。日本の四季ははっきりしており、しかも南北に長い日本列島は温暖で多湿であることから、地域に適した微生物が存在し、そこでは特有の発酵食文化が育ってきたのではないだろうか。

ところで、2015年9月の国連サミットで採択された持続可能な開発目標（SDGs）は17の目標を掲げている。そして持続可能な技術革新の拡大を図ることは目標の1つでもある。海洋資源の持続的な利用と陸上の生態系の持続的保護を図るという目標に対しては、日本では昔から発酵技術が微生物資源を有効利用していることから、目標に達することができているといえるのではないだろうか。国の樹木、国の花、国鳥などを定める国は多いが、「麴菌」を国菌として指定する国は日本以外にはないことからしても、日本の麴菌を用いた発酵技術は世界に誇ることができよう。

9.2 これからの発酵技術開発

発酵技術を使って製造する「マイコプロテイン」は、植物肉や培養肉と並ぶ3本柱の1つとして数えられている。マイコとは糸状菌を意味し、プロテインはタンパク質のことである。マイコプロテインは、「将来的に世界規模の食糧危機が起こるのではないか」との危機感から、世界の人口増を支えるタンパク源として1980年代にイギリスで開発された。

マイコプロテインは高繊維質低脂肪食品であり、病原性のない糸状菌（カビ）*Fusarium venenatum* からつくられる。タンパク質の含有量は全卵と同レベルであり、赤身の動物肉に似た食感がある。マイコプロテインは、炭水化物の培地中で糸状菌を連続制御培養して生産される。最近は、大豆、小麦、エンドウ豆といった植物素材を使用した「植物肉」があり、動物肉とあまり変わらない味わいと食感を持つ商品が登場した。このように、食品市場に「発酵バイオテクノロジー」が使われて、ユニークな食品を市場に投入する企業が出てきた。例えば、アメリカのある企業は、微生物発酵させて、動物を使うことなく「牛乳」に似た飲み物を商品化している。実際、完全菜食主義を信条とする「ヴィーガン」と称する人々は、肉や魚介類のほか、卵製品や乳製品、蜂蜜を含めた動物性食品を一切口にしない。そのような人々を対象に、微生物発酵技術を使った食品開発が行われ、今では、チーズ、アイスクリーム、バター、ヨーグルトなどの「乳製品」が市場に展開されている。このように発酵技術は「食料」のあり方を根本から変え、人の健康と自然環境および経済を地球規模で改善するポテンシャルを有している。

タンパク質源となる食材を市場に供給するために畜産農家は牛や豚などを飼育しているが、国連食糧農業機関（The Food and Agriculture Organization of the United Nations, FAO）の試算によると、全世界で家畜が排出する二酸化炭素の量は、人為的な温室効果ガス排出量全体の 14.5% を占めている。また、養鶏業が活発に活動すると、高病原性鳥インフルエンザウイルスのような動物を経由する感染症の蔓延リスクが高まるので、公衆衛生上の対策が不可欠になる。ちなみに、**公衆衛生**（public health）とは、「人間社会の健康に関わる諸問題に集団的に対応すること」を意味する。さらに言えば、動物愛護の観点から家畜のむやみな殺生は当然であるとはいえない。したがって、代替タンパク質の開発は食料システムを大きく改善し、かつ、食料生産が気候変動に及ぼす影響を軽減することが期待できる。矢野経済研究所は、2021 年の代替タンパク質（植物由来肉、植物由来シーフード、培養肉、培養シーフード、昆虫タンパク）の世界市場規模はメーカー出荷ベースで、4,861 億 300 万円と推計している [29]。最近、植物由来タンパク質の売上高は急速に伸びており、従来型の食肉の伸び率を上回っているし、微生物による発酵技術は今や現代の食料生産システムを明らかに変えようとしている。

培養肉のもう１つの利点としては、一部の国の畜産業が家畜を太らせる目的で、また、病気の予防に使われてきた抗生物質が不要となることである。食肉の生産体系から動物を除外すれば、薬剤汚染の脅威が取り除けるし、動物を中間宿主とする感染症の脅威を解消することもできる。

ところで、食肉のおいしさはいくつかの要因によって決まるが、なかでも 肉のかたさは重要な因子である。一般的にはかたい肉よりやわらかい肉の方が消費者からは好まれる。日本は世界トップの高齢化社会を迎え、高齢者のフレイルを予防改善するためには食肉の摂取は重要である。しかしながら、高齢化に伴う、嚥下力と消化管の機能低下により、食肉の摂取量が低下してしまう（[30]）。そのため、酵素を用いて肉類をやわらかにする研究が行われている（[31]、[32]）。また、マリネード液（酢やレモン汁などからなる漬け汁）に食肉を浸漬してやわらかくすることもできる。同様の考え方で、乳酸菌を用いた発酵液に食肉を浸せば、食肉がやわらかくなり、大腸菌群の生育を抑制することが可能となる。すなわち、乳酸菌を用いた食肉製品の軟化と汚染細菌対策が同時にできる。

9.3 地球の温暖化がもたらす食料生産の危機

2022 年 2 月 28 日の時事通信の記事によると、国連の気候変動に関する政府間パネル（IPCC）は、地球温暖化が生態系や日々の生活に悪影響を与えるとの予測を報告書で公表した [33]。それによると、「2041～2100 年の中長期では、気温の上昇幅が大きいほど生物の絶滅の危険が高まる」とのことだ。さらに、「陸上生態系では、産業革命前から 1.5 度の上昇で、最大 14% の種が非常に高い絶滅リスクに直面し、2 度の上昇で 18%、3 度で 29%、5 度で 48% に増える」と予想している。報告書では、「人間の活動が引き起こす気候変動により、異常気象の頻度と強度が増し、自然と人々に広範な悪影響を及ぼしている」と強調している。「既に陸上や海洋の生態系に多大な損害が生じ、『取り返しのつかない損失をもたらしている』」とも分析している。

農産物の生産については、「1.5度以上の温暖化で、トウモロコシがさまざまな地域で同時期に不作となるリスクが高まると予測。2度になると、熱帯など多くの地域で主食作物を栽培できなくなる」との見通しが示された。

さらに、「感染症では、デング熱のリスクがアジアや欧州、中南米、サハラ以南のアフリカで増え、今世紀末までにさらに何十億人もの人々が危険にさらされる可能性がある」と推測されている。「豪雨や洪水、干ばつ、海面上昇で移住を余儀なくされる人が増えるほか、暴力的な内戦につながる恐れ」も指摘された。国連関係者は、「地球温暖化の影響への各国の対応は『失敗が多い』」と批判し、「特に途上国への資金支援が不十分」として強化を求めているようだ。

このような状況を改善するために、発酵技術が役に立つ。例えば、下水処理に微生物発酵を利用することで、大量のエネルギーを消費せずに水の浄化を行うことができる。さらに、クリーンエネルギーの生産や、土に戻すことのできるバイオプラスチック（燃やさずにすむので、温室効果ガスを排出しない）の製造にも発酵技術は有用だ。

近年、地球温暖化の主な原因とされる二酸化炭素（CO_2）の排出量を増やさないために、人に優しい「発酵」が注目されている。酵母でアルコール発酵させて得られるバイオエタノールは、石油などの化石燃料の代替燃料として脚光を浴びている。燃焼させればCO_2を放出するが、バイオマスのもととなる植物は成長過程でCO_2を吸収するので、地球規模での CO_2 のバランスを崩さない、いわゆる、「カーボンニュートラル」が可能となる。

9.4 発酵食の未来

ごく最近、1日1杯の飲酒でも脳の構造変化が起こることが、アメリカのペンシルバニア大学とウィスコンシン大学およびオランダの大学などとの共同研究でわかった。3万6千人の脳のMRI画像を調査したところ、1日1杯のアルコール飲料の摂取により、脳の萎縮が認められた。その原因は明確ではないが、たしなむ程度の飲酒は健康に良いとする考えを否定し、飲酒はたとえ少量であっても有害であることを示唆している。換言すれば、アルコール摂取と脳の構造との間には負の相関性があり、摂取量が増えるとその相関性が強くなる。お酒は「百薬の長」とはいえない結果である [34]。

今や、なんらかの発酵食を毎日摂取する人は確実に増え、「乳酸菌」に関する知識もハイレベルである。ヨーグルトは「便通改善に有効である」と感じている人は多く、乳酸菌のイメージは良い。そんな乳酸菌の研究は、これまでヨーロッパや国内の大手乳業企業が主導してきた。その研究には「人にはヒトの乳酸菌」、いわゆる腸管や膣に由来する「動物由来乳酸菌」が使われてきた。杉山研究プロジェクトでは、乳酸菌の探索分離を自然環境で生育する植物に特化し、果物、野菜、花、穀物、薬用植物などから分離した「植物由来乳酸菌」の持つ保健機能性を調査してきた（8.3節参照）。植物由来乳酸菌の利点としては、胃酸や胆汁酸に対する耐性が動物由来の乳酸菌よりはるかに優れているほか、果汁や野菜汁中で増殖できることである。

これまでに分離した興味深い乳酸菌として、血圧降下作用や精神安定作用を示すアミノ酸として知られるGABA（γ-アミノ酪酸）

を高生産する菌株や、オルニチンとシトルリンを高生産する菌株などを取得している。これらのアミノ酸は「未病」の改善やフレイル対策に役立つことから、産学連携で実用化開発を進めている。

いまだ新型コロナ感染症が収束せず、ストレスや不安の多い社会構造になってしまって、今を生きる人々にとってますます辛い環境へとシフトしている。そんな時代に、ストレスが腸内細菌叢に悪影響を与え、腸内環境の良し悪しが精神や身体に強く影響を与えていることがわかってきた。ストレスによる未病状態から脱するために、さらには腸内細菌叢をより良い状態に変化させるために、発酵食や乳酸菌の摂取が期待されている。

ごく最近、朝食に豆類、牛乳や乳製品、魚介類、卵などの質の高いタンパク質を摂取すると、認知機能低下の予防につながることを期待させる結果が報告された。7.3 節で紹介した研究成果以外にも、国立長寿医療研究センターと味の素との共同研究による縦断研究の成果が *The Journal of Prevention of Alzheimer's Disease* に掲載された [35]。

6.1 節で説明した通り、発酵飲料の生産によるリスクも認識する必要がある。日本の醸造業界でもアルコール発酵時に排出される二酸化炭素を捕捉して有効活用する技術開発に取り組む必要があろう。ワイン製造業者は、ワイン造りは気候次第であり、自分たちでは二酸化炭素の排出量をコントロールすることはできないと主張しそうだが、その土地の気候環境の変化、例えば、二酸化炭素による地球の温暖化が人間生活の営みに原因があると考えると、何の対策も講じないわけにはいかないだろう。これからは、醸造により不可避的に発生した二酸化炭素を有効利用できないものかと考える必要がある。化学反応から、二酸化炭素と水素から酢酸ができるので、その反応を活用する技術開発は新たな研究テーマとなる。

Box 13　私の履歴書

私が小学生の頃、母は天《てん》日《び》干しした大根を、多量の米ぬかと食塩を加えながら樽に詰める作業を楽しんだ（下図）。途中で私に「樽桶に入って大根を足で強く踏んでね」と母は言う。作業を手伝いながら母と交わした学校生活の話が楽しかったことをときどき思い出す。今は、デパートの地下売り場に行けば全国から集めた「沢庵」が並んでいる時代だ。私が好む沢庵が残りわずかになると、必ず買い求めてくれる妻に優しさを感じるが、そんな妻に、母と一緒に沢庵を漬けた思い出を話したことはない。

図　沢庵のぬか漬け　→ 口絵 8

出典：https://hakkounouen.buyshop.jp/items/62120133

30 代でパリのパストゥール研究所・生物工学部門への長期派遣研究員として渡仏した私は、「抗がん剤をつくる放線菌の自己耐性遺伝子のクローニングおよび遺伝子構造と機能の解析」を研究テーマに実験を進めた。その任務が終わり帰国後しばらくして、広島大学医学部総合薬学科（後に薬学部として独立）に教授として移籍し、微生物学、微生物薬品学および遺伝子制御科学を担当した。

2016 年 3 月末日で定年退任したが、共同研究を申し出てくださった民間企業数社による経済的支援と大学院医学系研究科教授会の承認により、産学連携研究を推進するための「未病・予防医学共同研究講座」を創設していただき、講座責任者（教授）として、2022 年 3 月まで微生物研究に捧げてきた。嬉しいことに、2022 年 4 月から、さらなる 5 年間の講座延長が決まった。私の願いはパストゥールのように生涯研究者でいることであり、好奇心を持って研究に励むことである。

参考図書・引用文献

●参考図書

Adolfson, O. *et al.* (2004). Yogurt and gut function. *Am. J. Clin. Nutr.*, **80**: 245–256.

Christensen, H.R. *et al.* (2002). Lactobacilli differentially modulate expression of cytokines and maturation surface markers in murine dendritic cells. *J. Immunol.*, **168**: 171–178.

Cotter, P.D. *et al.* Bacteriocins: developing innate immunity for food. *Nat. Rev. Microbiol.*, **3**: 777–788.

Diep, D.B. *et al.* (2007). Common mechanisms of target cell recognition and immunity for class II bacteriocins, *Proc. Natl. Acad. Sci. U.S.A.*, **104**: 2384–2389.

Fang, H. *et al.* (2000). Modulation of humoral immune response through probiotic intake. *FEMS Immunol. Med. Microbiol.*, **29**: 47–52.

Hase, K. *et al.* (2009). Uptake through glycoprotein 2 of FimH$^+$ bacteria by M cells initiates mucosal immune response. *Nature*, **462**: 226–230.

Higashikawa, F. *et al.* (2010). Improvement of constipation and liver function by plant-derived lactic acid bacteria: a double-blind, randomized trial. *Nutrition*, **26**: 367–374.

Igimi, S. *et al.* (2004). Abstracts of XV International Symposium on Problems of Listeriosis, No. 146.

Jeon, H.-J. *et al.* (2009). Crystal structure and mutagenic analysis of a bacteriocin immunity protein, Mun-im. *Biochem. Biophys. Res. Commun.*, **378**: 574–578.

Jin, H. *et al.* (201). Establishment of an in *Vitro* Peyer's Patch Cell Culture System Correlative to in *Vivo* Study Using Intestine and Screening of Lactic Acid Bacteria Enhancing Intestinal Immunity. *Biol. Pharm. Bull.*, **33**: 289–293.

Meydani, S. N. *et al.* (2000). Immunologic effects of yogurt. *Am. J. Clin. Nutr.*, **71**: 861–872.

Tamura, T. *et al.* (2010). Establishment of an Efficient Fermentation System of Gamma-Aminobutyric Acid by a Lactic Acid Bacterium, *Enterococcus avium* G-15, Isolated from Carrot Leaves. *Biol. Pharm. Bull.*, **33**: 1673–1379.

Wolf, J.L. *et. al.* (1984). The membranes epithelial (M) cell and the mucosal immun system. *Ann. Rev. Med.*, **35**: 95–112.

Xin, K.Q. *et al.* (2003). Immunogenicity and protective efficacy of orally administered recombinant *Lactococcus lactis* expressing surface-bound HIV Env. *Blood*, **102**: 223–228.

内山充 (1999).「総説 L-トリプトファン摂取による EMS（好酸球増多筋痛症候群）事例の概要と我が国における研究経過について」. 食品衛生学雑誌, **40** (5): 335–355.

遠藤章 (2006). 新薬スタチンの発見：コレステロールに挑む. 岩波書店.

貝原益軒（石川謙 校訂）(1961). 養生訓・和俗童子訓. 岩波文庫.

カミュ, アルベール (2021). ペスト（中条省平 訳）. 光文社.

川喜田愛郎 (1995). パストゥール. 岩波書店.

木下祝郎 (1970). 発酵工業. 大日本図書.

小泉武夫 (1999). 発酵食品礼讃. 文藝春秋.

小崎道雄・佐藤英一 編著 (2004). 乳酸発酵の新しい系譜. 中央法規出版.

斉藤和季 (2017). 植物はなぜ薬を作るのか. 文藝春秋.

坂口謹一郎 (2007). 日本の酒. 岩波書店.

櫻庭雅文 (2004). アミノ酸の科学：その効果を検証する. 講談社.

佐藤喬章 (2021).「続・生物工学基礎講座—バイオよもやま話—　アー

キアとは何ぞや？」．生物工学会誌，**99** (11)．
杉山政則 (2007)．「広島大学の地域貢献研究と産学連携におけるビオ・ユニブ広島の展開戦略」．生物工学会誌，**85:** 502-503．
杉山政則 (2010)．基礎と応用現代微生物学．共立出版．
杉山政則 (2012)．植物乳酸菌の挑戦未病および生活習慣病から化粧品まで．広島大学出版会．
杉山政則 (2015)．現代乳酸菌科学未病・予防医学への挑戦．共立出版．
杉山政則 (2017)．感染症に挑む創薬する微生物放線菌．共立出版．
杉山政則 (2021)．「未病・予防医学領域における医学研究の現状と展望」．生物工学会誌，**99** (11)**:** 572-591．
杉山政則 (2023)．微生物力が人類を救う．海鳴社．
立川昭二 (2017)．すらすら読める養生訓．講談社
ド・クライフ，ポール (1980)．微生物の狩人（上）（秋元寿徑恵夫 訳）．岩波書店．
ド・クライフ，ポール (1980)．微生物の狩人（下）（秋元寿徑恵夫 訳）．岩波書店．
馬場練成 (2015)．大村智ものがたり：苦しい道こそ楽しい人生．毎日新聞出版．
マイヤーズ，モートン (2015)．セレンディピティと近代医学：独創、偶然、発見の 100 年（小林力 訳）．中央公論新社．
メチニコフ (1968)．近代医学の建設者（宮村定男 訳）．岩波書店．
渡辺淳一 (1979)．遠き落日（上・下）．角川書店．

●引用文献

[1] 明治安田生命 (2021). 明治安田生命「健康」に関するアンケート調査を実施！ https://www.meijiyasuda.co.jp/profile/news/release/2021/pdf/20210906_01.pdf (2023/3/14 閲覧).

[2] DiscoverJapan (2021).「発酵食が多い国は、感染者数も少ない！？発酵食と免疫力の深い関係とは／小泉武夫先生に聞くいまこそ発酵！【前編】」. https://discoverjapan-web.com/article/65288 (2023/3/14 閲覧).

[3] Padhi. S. *et al*. (2021). A Multifunctional Peptide From Bacillus Fermented Soybean for Effective Inhibition of SARS-CoV-2 S1 Receptor Binding Domain and Modulation of Toll Like Receptor 4: A Molecular Docking Study. *Front. Mol. Biosci.*, **8**, 636–647.

[4] 読売新聞 (2020).「ウイルスが気になりキムチ・納豆など発酵食品買い占め…消費者庁「効果裏付ける根拠ない」」『読売新聞オンライン』2020/5/18. https://www.yomiuri.co.jp/national/20200517-OYT1T50101/(2023/1/11 閲覧).

[5] 三浦於菟 (2004).「東洋医学の未病思想」. 日本未病システム学会雑誌, **10** (1), 25–28.

[6] ITmedia ビジネス (2021).「約 1 万人に聞いた 健康のために食べている「発酵食品」ランキング 3 位は「みそ」、2 位は「ヨーグルト」、1 位は？」. https://www.itmedia.co.jp/business/articles/2112/05/news007.html (2023/3/14 閲覧).

[7] 谷本浩之他 (2003).「ポリグルタミン酸配合カルシウムサプリメントのヒトカルシウム吸収促進効果」. 日本農芸化学会誌, **77** (5), 504–507.

[8] haccola (2017). "Simply African Fermentation, from Beverages to Porridges to Breads Grains". 2017/2/2. https://haccola.jp/2017_02_02_366/(2023/3/14 閲覧).

[9] キリンホールディングス (株).「ビールの歴史　古王国時代、エジプト人たちのビールづくりはかなりの職人技だった」. https://www.kirin.co.jp/alcohol/beer/daigaku/HST/hst/no47/

(2023/3/14 閲覧).
[10] 喜田川守貞（宇佐美英機 校訂）(1996). 近世風俗志（守貞謾稿）(一). 岩波書店.
[11] 折居千賀 (2010).「菌が作るお茶の科学」. 生物工学会誌, **88** (9), 489.
[12] 藤井建夫 (1999)「魚介類の保蔵から生まれた発酵食品」日本食品保蔵科学会誌, **25** (5), 245-252.
[13] 北本勝ひこ (2014).「家畜化された微生物、麹菌：その分子細胞生物学的解析から見えてきたこと」第 21 回酵母合同シンポジウム講演要旨.
[14] 平沢敬 (2022).「銅添加によるコリネ型細菌のグルタミン酸生産誘導」. バイオサイエンスとインダストリー, **80** (3), 250-251.
[15] 協和発酵工業（株）「研究者インタビュー：世界初、発酵法でのアミノ酸大量生産に成功したのは私たちです。」https://www.kyowahakko-bio-healthcare.jp/healthcare/aminoacid/interview.html (2023/3/15 閲覧).
[16] 栗原重一他 (2008).「シスチン／テアニンのヒト風邪発症予防効果—社内ボランティア試験結果—」第 1 回アミノ酸学会産学連携シンポジウム 2008.
[17] Jones, D. T. and Woods, D. R. (1986). Acetone-butanol fermentation revisited. *Microbiol. Rev.*, **50** (4), 484-524.
[18] Okada, H. *et al.* (1961). L-Glutamic acid and succinic acid fermentation by brevibacterium flavum No. 1996. *J. Gen. Appl. Microbiol.*, **7** (3), 177-191.
[19] 大石邦夫他 (1961).「アミノ酸発酵に関する研究（第 8 報）」. 日本農芸化学会誌, **35** (9), 855-861.
[20] Guettler, M.V. *et al.* (1996). Method for making succinic acid, bacterial variants for use in the process, and methods for obtaining variants. *United States Patent* 5, 573, 931.
[21] Okino, S. *et al.* (2008). An efficient succinic acid production process in a metabolically engineered Corynebacterium glu-

tamicum strain. *Appl. Microbiol. Biotechnol.*, **81** (3), 459-464.

[22] 公益社団法人発明協会「戦後日本のイノベーション 100 選　タクロリムス」http://koueki.jiii.or.jp/innovation100/innovation_detail.php?eid=00090&age=present-day&page=keii (2023/1/11 閲覧).

[23] 遠藤章 (2016)「スタチンの誕生—世の中の役に立つ科学者を目指して 70 年—」日農医誌, **64** (6), 958-965.

[24] 人見必大 (1976). 本朝食鑑 1 (島田勇雄 訳). 平凡社.

[25] 国立研究開発法人国立環境研究所「環境疫学を知ろう！　3 コホート研究　コラム 3」https://www.nies.go.jp/kanko/kankyogi/54/column3.html (2023/1/11 閲覧).

[26] 厚生労働省 (2019).「第 2 回 2040 年を展望した社会保障・働き方改革本部　資料 (令和元年 5 月 29 日作成)」.

[27] 吉田彩子 (2020).「アミノ酸生合成機構とその調節機構の多様性 鍵酵素の制御機構から生合成経路の進化まで」化学と生物, **58** (4), 240-247.

[28] Nemoto, H. *et al.* (2022). Prevention of tumor progression in inflammation-related carcinogenesis by anti-inflammatory and anti-mutagenic effects brought about by ingesting fermented brown rice and rice bran with *Aspergillus oryzae* (FBRA). *J. Funct. Foods*, **88**, 104907.

[29] (株) 矢野経済研究所　プレスリリース「代替タンパク質 (植物由来肉、植物由来シーフード、培養肉、培養シーフード、昆虫タンパク) 世界市場に関する調査を実施 (2022 年)」https://www.yano.co.jp/press-release/show/press_id/2931 (2023/1/11 閲覧).

[30] 厚生労働省アフターサービス推進室 (2017).「高齢者の口腔と摂食嚥下の機能維持・向上のための取組に関する調査」.

[31] Gerelt, B. *et al.* (2000). Meat tenderization by proteolytic enzymes after osmotic dehydration, *Meat Sci.*, **56** (3), 311-318.

[32] Pietrasik, Z. and Shand, P.J. (2011). Effects of moisture en-

hancement, enzyme treatment, and blade tenderization on the processing characteristics and tenderness of beef semimembranosus steaks, *Meat Sci.*, **88** (1), 8-13.

[33] 時事通信社 (2022).「2 度上昇で 18% 絶滅危機　温暖化による影響—IPCC 報告書」『時事ドットコムニュース』2022/2/28. https://web.archive.org/web/20220228122438/https://www.jiji.com/jc/article?k=2022022801195&g=soc (2023/6/2 閲覧).

[34] Daviet, R., Aydogan, G., Jagannathan, K., Spilka, N., Koellinger, P.D., Kranzler, H.R., Nave, G. & Wetherill, R.R. (2022). Associations between alcohol consumption and gray and white matter volumes in the UK Biobank. *Nat. Commun.*, **13**, Article Number：1175 (2022).

[35] Kinoshita, K., Otsuka, R., Takada, M., Tsukamoto-Yasui, M., Nishita, Y., Tange, C., Tomida, M., Jinzu, H., Shimokata, H., Kuzuya, M., Imaizumi, A., Arai, H. (2022). Low amino acid score of breakfast is associated with the incidence of cognitive impairment in older Japanese adults：a community-based longitudinal study. *J. Prev. Alzheimer's Dis.*, **9** (1), 151-157.

あとがき

私には、植物乳酸菌を用いた生薬発酵技術開発と創薬への応用研究を進めるにあたって、強い味方がいる。広島大学病院総合内科・総合診療科の医師、未病・予防医学共同研究講座と薬用植物園の教員、産学連携室の理事補佐、研究の推進を資金面で応援してくださる民間企業の皆様に心より感謝申し上げる。

本書を無事に刊行できたのは、原稿を何度も読んで的確な助言を下さった醗酵工学科出身の先輩、野利本悠氏、ならびに共立出版（株）編集部の山内千尋氏と影山綾乃氏のおかげであり、この場を借りてお礼を申し上げたい。

最後に、「納豆」に関連した思い出を追記したい。私が中学生の頃まで、故郷の静岡県富士市では、いつも夕方になると、経《きょう》木《ぎ》に包んだ納豆を自転車で売り歩く納豆屋がいた。当時、赤松からつくった天然の包装材である経木が包装紙代わりに使われていたのだ。赤松の樹液は抗菌作用があるので衛生的にも良い。その上、通気性と保湿性に優れ、強すぎない優しい香りがする。この天然木の発酵環境下で、納豆菌が独特な香りを醸し出す。そんな納豆が好きで、私が科学者になるのを楽しみにしていた父が詠んだ短歌「ほうれん草 蒔きて憩へる 七十歳 できる仕事の あるが嬉しき」を紹介して筆を置く。

発酵がもたらす「食と健康」―人生120年に向けて―

コーディネーター　深町　龍太郎

本書は微生物による発酵の歴史をひもとき、日本および世界の発酵食の起源やその効用を丁寧にわかりやすく解説している。健康長寿に向かって、発酵食の活躍の場はこれからも大いに広がるものと期待し、またそうなるものと確信したい。特に次世代を担う中学生や高校生などの若い人達にもぜひ読むことをお勧めする。なぜなら、発酵の主役である微生物の世界には未来の価値創造につながる大きな夢とロマンを感じるからで、ぜひこの微生物の世界を解き明かす若い研究者が1人でも多く出てほしいと思うからである。

ところで今日、農業は少子化の問題などによる後継者不足が響き、食料自給率の低下など社会問題になっているが、農業はエネルギーと同様、国の根幹をなすものである。私は“農業再生に向けて、魅力ある農業の価値を創り出すためには、われわれ自らが広い視野で課題を探し、徹底的にその課題を追及していく力こそ最も必要ではないか”とも考えている。いろいろと模索するなかで、発酵学者である小泉武夫氏の著書が大きなヒントになった。“農業の価値をさらに高めるには発酵が大きなキーファクターとなり、それが豊かな食と健康をもたらす”との確信を抱き、それ以後発酵に関する情報へのアンテナを高くしてきた。

そのような状況下、本書の著者の杉山政則名誉教授とのお付き合いは本当に小さな偶然から始まった。2015年梅雨明けの頃、都内の健康食品を取り扱う店に立ち寄った際、1つの商品が目にとまった。人参絞り汁を乳酸発酵させた“飲む乳酸菌”である。“腸まで届く乳酸菌”のフレーズに興味を抱き、すぐさまオフィスに持ち帰って何人かと試飲した。ヨーグルトなどの乳酸菌の効用は常日頃知っていたが、植物由来乳酸菌の効用がどういうものか気になり調べたところ、広島大学名誉教授の杉山先生のお名前に行き着いた。当時薬学部長であられた杉山先生にすぐコンタクトしてスタッフを広島大学に派遣し、お話を伺うことができた。初対面にもかかわらず、すぐさまご対応いただけたのは杉山先生の“植物由来の乳酸菌を世に広めたい”という、常に前向きな姿勢のおかげだと考えている。2015 年の 7 月下旬のことである。

他方、わが旭興産（株）グループは十数年前から、農業をやってみたいと希望する社員のために約 4,000 坪の農園を準備し、彼らが生き生きと楽しく働ける場を提供してきた。「梅」、「ぶどう」、「無花果」、「唐辛子」などを栽培しているが、いろいろな専門家の方々のアドバイスを受け、一にチャレンジ、二にチャレンジで苦い経験を重ねながらもしっかり収穫できるようになった。“何も知らないということは逆に大きな強み”である。教えていただいた専門家の方々との出会いは大きな宝となり、何も知らないことも工夫一つで、経営資源の大きな活力につながるものと考えるに至った。

杉山先生とお会いした時期は、たまたま無花果がちょうど収穫期を迎えていた。植物由来乳酸菌の採取・分析が無花果でも可能かどうかお伺いしたところ、“やってみましょう”との快諾をいただき、8 月下旬の早朝に無花果の葉、枝、果実を採取し、広島大学へ運び入れた。

その 2 カ月後に高機能が期待できる乳酸菌が発見されたのだが、無花果の収穫時期がこの幸運をもたらしたものだと信じている。

その乳酸菌が多くの高機能を期待できるとのことで、これらの機能性をさらに特定するための研究支援が翌年にスタートした。これも杉山先生が現場で積極的な乳酸菌採取に取り組み、まず“データありき”で理論を裏付ける前向きな研究姿勢や長年培ってきた植物由来乳酸菌への熱意を感じたからに他ならない。われわれのビジネスの中核をなすあらゆる技術・技能サービスの提供における出発点は、まず“現場で計測してデータを集めること”である。お互いの仕事に対する考え方、すなわち価値観の共有が研究支援のスタートにつながり、乳酸菌のみならず別の次元の課題への挑戦にもつながってきた。これは、素晴らしい出会いに恵まれたからこそである。

成果の例を挙げれば、微生物の細胞内の遺伝子のゲノム解析は細胞壁が硬いため、簡単に細胞内へたどり着けず、解明が非常に困難で時間もかかっている。当社は半導体製造装置製作の経験を多数持っているが、装置で使われる超真空・超高圧技術を利用して、細胞膜を破壊しゲノム解析を容易にする装置を開発し、2021 年に杉山先生の研究室に納入した。成果は今からであるが、少しでも研究のスピードアップに貢献できるものと期待している。これは医療研究者が“こうしたい”というニーズを汲み上げて、全く異分野の当社の技術者が提案・実現したものであり、まさにコラボによるイノベーションが産み出された例である。もう 1 つは本書に記述されている“植物乳酸菌による生薬発酵”においても、生薬の生成に必要な薬草の養液栽培装置も開発・納入済みである。もともと漢方薬に代表される東洋医学で使われる生薬は、海外からの輸入に頼ることが多い。日本国内での自給力を高めるためにも、より効率の良い薬草栽培を模索する実験装置として使用していただいている。

これら全く新しい分野への挑戦は、設計・製作に携わる当社の技術者にとって、無限の可能性に挑戦する人材育成の機会につながっていく。

並行して昨年から、北九州にある当社農園は「食と健康と食文化」を追求するための実験農場として、農業の変革をもたらすあらゆる可能性への試みをスタートさせている。地方創生が叫ばれるなか、国の根幹をなす農業は国の再生をもたらし、地方の活性化につながるものである。農林漁業における 1 次（生産）×2 次（加工）×3 次（販売）＝付加価値 を高める 6 次産業化を農林水産省は推奨しているが、原材料の質や量に直結する 1 次産業が最も大事な基本であることを忘れてはならない。

それを前提に、土壌と微生物の研究、薬草に代表される高付加価値作物の栽培、最新技術によるスマート農業などへの挑戦に取り組んでいる。

一方、『LIFESPAN：老いなき世界』の著者であるハーバード大学のシンクレア博士が説く“人生 120 年”や、アメリカのブラックバーン博士が発見した、染色体末端を保護するテロメアを伸張させ、細胞老化を防ぐ酵素テロメラーゼ（2009 年のノーベル生理学・医学賞の受賞理由となった）など、健康寿命の話題が盛んになってきたが、そのなかでも微生物が活躍する発酵技術は大きなカギとなってくる。

人生 120 年時代、現代人は今何を食べているか、何のために食べるのかをもう 1 度見直すいい機会である。人生 120 年の幕開けとして、価値ある未来を創り出す夢とロマンを強く胸に秘めて、杉山先生が研究所長を務める、広島大学未病・予防医科学共創研究所の活動支援を続けていきたい。

索　引

著　者

杉山政則（すぎやま　まさのり）

1976年　広島大学大学院工学研究科修士課程（醗酵工学専攻）修了

現　在　広島大学大学院医系科学研究科（薬学分野）未病・予防医学共同研究講座教授，広島大学名誉教授，工学博士

専　門　醗酵工学，微生物学，微生物薬品学，バイオテクノロジー

コーディネーター

深町龍太郎（ふかまち　りゅうたろう）

日本大学理工学部卒業

現　在　旭興産株式会社グループ 代表取締役名誉会長

共立スマートセレクション 39

Kyoritsu Smart Selection 39

発酵

——伝統と革新の微生物利用技術

Fermentation: Traditional and Innovative Microbial Technology

2023年7月10日　初版1刷発行

2023年9月5日　初版2刷発行

NDC 588.51，588.5

ISBN 978-4-320-00939-4

著　者　杉山政則　

コーディネーター　深町龍太郎

発行者　南條光章

発行所　**共立出版株式会社**

郵便番号　112-0006

東京都文京区小日向 4-6-19

電話　03-3947-2511（代表）

振替口座　00110-2-57035

www.kyoritsu-pub.co.jp

印　刷　大日本法令印刷

製　本　加藤製本

一般社団法人

自然科学書協会

会員

Printed in Japan